职业技能等级认定培训教程

咖 啡 师

（初级）

中国就业培训技术指导中心
人力资源和社会保障部职业技能鉴定中心　组织编写

中国劳动社会保障出版社

图书在版编目(CIP)数据

咖啡师：初级／中国就业培训技术指导中心，人力资源和社会保障部职业技能鉴定中心组织编写. --北京：中国劳动社会保障出版社，2024. --（职业技能等级认定培训教程）. --ISBN 978-7-5167-6568-5

Ⅰ. TS273

中国国家版本馆 CIP 数据核字第 2024WK0117 号

中国劳动社会保障出版社出版发行

（北京市惠新东街 1 号　邮政编码：100029）

*

北京市科星印刷有限责任公司印刷装订　　新华书店经销

787 毫米×1092 毫米　16 开本　7.25 印张　112 千字
2024 年 9 月第 1 版　　2025 年 8 月第 4 次印刷
定价：21.00 元

营销中心电话：400-606-6496
出版社网址：http://www.class.com.cn

版权专有　　侵权必究

如有印装差错，请与本社联系调换：(010) 81211666
我社将与版权执法机关配合，大力打击盗印、销售和使用盗版图书活动，敬请广大读者协助举报，经查实将给予举报者奖励。
举报电话：(010) 64954652

编审委员会

主　　任　吴礼舵　张　斌　韩智力
副主任　　葛恒双　葛　玮
委　　员　李　克　朱　兵　赵　欢　王小兵　贾成千　吕红文
　　　　　瞿伟洁　高　文　郑丽媛　陆照亮　刘维伟

本书编审人员

主　　编　夏芸仙
编　　者　刘　晓　黄鹏丞　陆　超　徐文涛
主　　审　陈　明
审　　稿　陈佳伟

前　言

为加快建立劳动者终身职业技能培训制度，全面推行职业技能等级制度，推进技能人才评价制度改革，进一步规范培训管理，提高培训质量，中国就业培训技术指导中心、人力资源和社会保障部职业技能鉴定中心组织有关专家在《咖啡师国家职业技能标准（2022年版）》（以下简称《标准》）制定工作基础上，编写了咖啡师职业技能等级认定培训教程（以下简称等级教程）。

咖啡师等级教程紧贴《标准》和职业培训包课程规范要求编写，内容上突出职业能力优先的编写原则，结构上按照职业功能模块分级别编写。该等级教程共包括《咖啡师（基础知识）》《咖啡师（初级）》《咖啡师（中级）》《咖啡师（高级）》《咖啡师（技师　高级技师）》5本。《咖啡师（基础知识）》是各级别咖啡师均需掌握的基础知识，其他各级别教程内容分别包括各级别咖啡师应掌握的理论知识和操作技能。

本书是咖啡师等级教程中的一本，是职业技能等级认定推荐教程，也是职业技能等级认定题库开发的重要依据，已纳入职业培训包教材资源，适用于职业技能等级认定培训和中短期职业技能培训。

本书在编写过程中得到上海市技师协会、上海市技师协会咖啡专业委员会、上海曼煮商贸有限公司、上海虹桥品汇咖啡有限公司、提姆（上海）餐饮管理有限公司、上海市糖业烟酒（集团）有限公司、上海金拱门食品有限公司、库迪咖啡（天津）有限公司、咖爷科技（苏州）有限公司、云南农业大学热带作物学院，以及顾卫东、周芳、陆骏飞、韩文芳、罗伟、夏渊、亓超杰、吴鹏、乐骅、杨学虎的大力支持与协助，在此一并表示衷心感谢。

中国就业培训技术指导中心
人力资源和社会保障部职业技能鉴定中心

目 录 CONTENTS

职业模块 1　咖啡服务

培训课程 1　营业与结束营业流程 ·· 3
　　学习单元 1　营业准备流程 ·· 3
　　学习单元 2　结束营业流程 ·· 7
培训课程 2　接待 ·· 10
　　学习单元 1　顾客服务 ·· 10
　　学习单元 2　轻食准备与制作 ·· 13
培训课程 3　销售 ·· 19
　　学习单元 1　日常销售服务 ·· 19
　　学习单元 2　日常结账服务 ·· 20
培训课程 4　营业区域清洁与消杀 ·· 21
　　学习单元 1　营业区域清洁 ·· 21
　　学习单元 2　营业区域消杀 ·· 27

职业模块 2　咖啡制作

培训课程 1　压力式（意式）咖啡制作 ··· 31
　　学习单元 1　使用磨豆机研磨咖啡豆 ·· 31
　　学习单元 2　使用压力式（意式）咖啡机制作意式浓缩咖啡 ············· 37
　　学习单元 3　奶泡（沫）制作 ·· 48
　　学习单元 4　经典压力式（意式）咖啡制作 ································· 56
培训课程 2　非压力式（冲煮）咖啡制作 ·· 72
　　学习单元 1　非压力式咖啡的萃取过程 ······································· 72
　　学习单元 2　手冲咖啡制作 ·· 73
　　学习单元 3　虹吸壶咖啡制作 ·· 77

1

　　　　学习单元4　法压壶咖啡制作 …………………………………… 82

　　　　学习单元5　爱乐压咖啡制作 …………………………………… 84

职业模块3　吧台设备、器具的清洁与维护

　　培训课程1　设备清洁与维护 ………………………………………… 91

　　　　学习单元1　咖啡设备日常清洁 ………………………………… 91

　　　　学习单元2　咖啡机维护保养 …………………………………… 99

　　培训课程2　器具清洁与消毒 ………………………………………… 101

　　　　学习单元1　器具清洁 …………………………………………… 101

　　　　学习单元2　器具消毒 …………………………………………… 104

职业模块 ① 咖啡服务

培训课程 1

营业与结束营业流程

学习单元 1　营业准备流程

一、营业准备工作

营业准备工作包含设备检查、库存检查、区域清洁、物料准备、表格填写等。

1. 设备检查

咖啡机、磨豆机、烤箱、冰箱等设备在打开电源前，线路应处于安全状态，电源插座应远离水源或加隔水保护措施；设备应处于良好状态，能正常运行，没有故障和安全隐患。如果发现设备有破损、发出不正常的声响等情况，应该及时上报，申请进一步检查维修，以保证门店的正常营运。

2. 库存检查

检查门店库存，保证原料以及一次性消耗品供应充足。按照每日预估消耗量提前准备，库存过多容易造成浪费，库存不足会影响正常营业。

3. 区域清洁

营业前，进行门店内外整体清洁，包括工作区、收银区、蛋糕柜、墙面和地面等，发现有不干净的地方应及时清洁处理，保证环境整洁、无杂物、通风良好。工作台面上各种器具、原料应摆放整齐，台面干净整洁。

4. 物料准备

根据门店菜单准备所需原料，包括新鲜的咖啡豆、乳制品、糖浆（巧克力酱、焦糖酱、各类风味糖浆等），以及糖包、搅拌棒、纸巾等一次性消耗品。根据门店制订的销售计划，可提前解冻相应种类和数量的食品。

 **小贴士**

> 未开封的原料使用前要检查生产日期和保质期，以确保其在有效期内。已开封的原料按照开封后的储存要求储存，并在规定时间内使用完，未使用完的原料须及时报废处理。对于使用时间相对较长的原料应贴上标有开封时间、保质期的标签贴。

5. 表格填写

营业准备工作完毕后，填写营业前准备工作检查表，核对外卖平台的门店和商品信息。

二、设备开启

1. 电箱电源开启

检查电箱外表面无破损，处于常闭状态，若发现异常情况须及时报备相关责任人处理；按照正确操作打开电箱门，切勿使用撬开、撞击等损害电箱门的动作打开电箱。

（1）开启电闸

1）根据各门店实际情况，按照正确操作开启营运期间需要使用的设备电闸。

2）确保营运期间需要断电的设备电闸处于关闭状态。

3）检查开启的灯具是否正常工作，如有异常应关闭相应电闸，后在工作群内报备相关责任人处理。

（2）关闭电箱门

按照正确操作关闭电箱门，切勿使用大力撞击等损害电箱门的动作关闭电箱门；确认电箱门处于关闭状态方可离开。

2. 室内空调开启

在门店固定存放处取出空调遥控器，检查遥控器是否正常运行；若发现异常情况须报备相关责任人处理。

（1）开启空调

根据各门店实际情况，按照使用说明书正确遥控操作，开启营运期间需要的空调数量；若发现空调存在异常情况须报备相关责任人处理。

（2）调节模式和温度

1）根据各门店实际情况，按照使用说明书正确遥控操作，选择空调运行模式。

2）根据各门店实际情况，按照使用说明书正确遥控操作，以环保节电和维持门店环境温度在体感适宜温度范围为原则，把空调调节到合适温度。

3）如商场有特殊温度要求，遵循商场标准。

（3）遥控器归位

遥控器使用完毕后，须归位到门店固定位置，方便其他人员拿取，确保遥控器不因受外部因素影响而损坏。

3. 咖啡机开启

打开电源开关，咖啡机控制面板亮起，锅炉开始加热。检查咖啡机萃取温度、蒸汽棒压力，如有问题联系相关负责人。

4. 烤箱开启

打开电源开关，电源开关处指示灯亮起，烤箱显示面板亮起。

（1）打开炉门

1）检查炉门是否处于常闭状态，门外表面有无破损；若发现异常情况须及时报备相关责任人处理。

2）打开炉门，切勿使用大力翻开、撞击等损坏设备的动作。

3）检查烤箱内相关零件（如烤架、烤垫）是否正确安放，确保烤箱内无异物。

（2）关上炉门

关上炉门，切勿使用大力关闭、撞击等损坏设备的动作。

（3）按预热键

确定炉门处于关闭状态，短按预热键后烤箱自动运行，预热到设定温度。

（4）预热完成

烤箱显示面板上显示"Ready"，表示烤箱已预热到设定温度。

5. 音乐开启

根据各门店实际情况，取出店内固定连接的音响设备并运行。

（1）连接音响

1）无线连接。

2）蓝牙连接。

（2）打开音乐

确定已成功连接店内音响设备，点开音乐应用 App。

（3）播放歌单

根据国家法律规定，营业场所播放的音乐需要支付版权费，所以禁止播放非公司指定的歌单。

（4）调节音量

把音响播放音量调节到适宜的状态。

三、收银系统开启

检查收银平板电脑外表面是否正常、无破损，发现异常情况须立刻联系相关责任人处理；按照收银平板电脑使用说明的正确操作方法运行机器。

1. 检查收银平板电脑电量

检查收银平板电脑电量，收银平板电脑应和充电线连接，使其处于连接电源充电状态。

2. 登录收银系统程序

点击界面内收银系统程序，在登录界面输入员工个人或门店的收银账号和密码，如有异常情况导致程序无法打开或收银系统无法登录，须立刻联系相关负责人处理。

3. 数据同步

（1）进入数据同步界面后，在界面点击更新数据选项即可。

（2）数据同步成功后返回收银主界面，保持收银系统程序在收银平板电脑主界面运行。

（3）检查门店小程序等平台产品是否正常在售。

4. 检查小票打印机信号灯

打开小票打印机的开关，检查小票打印机信号灯是否处于常亮状态，如有异常，检查小票打印机是否正常连接电源。

学习单元2　结束营业流程

一、预结束营业工作流程

1. 通知顾客

在预计结束营业前半小时至一小时，告知店内顾客即将结束营业的消息，可询问是否需要加单或其他服务。在收银区或点餐区给出"不再接受新订单"的标识。

2. 区域清洁

使用符合标准的清洁工具清理桌面、地面、窗台等公共区域的垃圾和污渍，对齐桌椅；擦拭工作台面，清洁水槽区域；整理并清洁轻食柜、抽屉，保证柜内整洁；整理收银台，清理垃圾袋。

3. 设备器具清洁

清洁咖啡机、磨豆机、烤箱、冰箱等设备，确保无残留物和污渍；将不影响营运的咖啡器具（咖啡杯、奶缸、咖啡勺、量杯等）进行清洗、消毒，并在滴水盘上风干。清洁完毕后将所有设备、器具等归位。

 **小贴士**

> 清洁工具和用品要摆放在指定位置，清洁毛巾要有区分，不能交叉混用；消毒液要储存在干燥、密闭的区域，注意与食品原料分开储存。

4. 预盘点

核查所有食品及零售商品的种类和数量，确认有效期并填写食品及零售商品保质期表格，在指定位置填写报废食品及零售商品的日期及数量。根据实盘日期及数量，在预盘点小票上填写预盘产品的实际库存。

二、结束营业工作流程

1. 食品报废处理

门店营业结束后,根据已填写的食品及零售商品保质期表格,确认报废食品的品项及数量,并统一处理当天须报废的食品,喷上消毒水,丢入垃圾桶。

 **小贴士**

> 因涉及食品安全问题,报废的食品不可食用,更不可带走甚至送人。

2. 终盘点

根据预盘点至营业结束期间售卖食品的留存小票,确认最终库存并填写日盘点表。对于报废食品,在日盘点表上找到对应的食品项,在"异"一栏中填写报废的数量。

3. 数据上传与更新

根据日盘点表修改外卖平台对应数据。在系统界面中,找到须报废的食品,将报废的食品数量录入系统。

4. 日结、拍照

核对现金总额与收银系统记录是否一致,对收银系统及 POS 机执行日结操作,检查是否有错误或异常。使用手机或相机对收银台、收银系统界面、现金抽屉等进行拍照,并将收银小票等相关文件整理、装订,妥善保管。

5. 电器充电

在收银区域找到需要充电的电器,如平板电脑、POS 机、门店手机等,根据型号选择合适的充电线进行充电。

6. "三关一闭"

所有顾客离开门店后,关水、关电、关燃气以及关闭门店,确保在结束营业后没有安全隐患,保障门店和员工的安全。

(1) 关水

确保所有水龙头都已关闭,防止水管漏水或设备内部积水,避免造成浪费和安全隐患。

(2) 关电

关闭门店内的照明以及咖啡机、烤箱、制冰机等设备的电源，节省能源，降低火灾风险。

注意：不可关闭门店的冷藏、冷冻冰箱电源，防止出现食品变质问题，并填写冰箱温度记录表；不可关闭门店外 LOGO 灯管。

(3) 关燃气

如果门店使用相关燃气设备，在结束营业前一定要确保燃气阀门关闭，防止燃气泄漏。

(4) 关闭门店

在确认所有设备都已关闭并妥善处理后，清理干净门店内所有垃圾，锁上门店大门，防止丢失贵重物品，确保门店安全。

相关链接

烤箱清洁

1. 烤箱关机

关闭电源开关（短按关机键，打开烤箱门，待风扇电动机停止运作时，烤箱运作的声音也会停止，10~15 min 后，内部温度降为 70 ℃ 左右）。

2. 拆卸与清洗零件

取出烤网、烤架、滤网、积油盘，冲洗干净后放在托盘上晾干。

3. 喷洒清洁剂

将烤箱清洁剂喷洒在烤箱内部（门、内壁、底座与顶部），切勿将清洁剂直接喷涂到炉腔背部的网眼板上。停留 10 min 后用百洁布清洁软化下来的污垢。

4. 擦拭烤箱内部

使用百洁布再次擦拭烤箱内部 2~3 遍，以免残留清洁剂。

5. 清洁烤箱外部

用百洁布擦拭烤箱外部。

6. 放回零件

清洁完毕后，将烤网、烤架、滤网、积油盘放回烤箱内备用。

培训课程 2 接待

学习单元1 顾客服务

一、服务用语

1. 欢迎用语

咖啡场所服务人员常用的欢迎用语有"您好""欢迎光临""请问需要什么咖啡?"等,可以根据时间、节日及对顾客的熟悉程度,灵活变换问候用语。

2. 欢送用语

咖啡场所服务人员常用的欢送用语有"感谢您的光临""欢迎下次再来"等。顾客离开时,要与顾客告别,欢迎顾客再次光临。

二、服务礼仪

在咖啡场所,服务人员的服务应当人性化、个性化,服务礼仪主要包括"殷勤招待"等能让顾客满意的行为。问候顾客时要使用敬语,而且要有眼神交流,不能低着头或者背对着顾客。

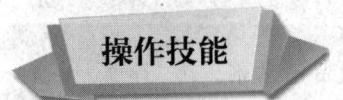

操作技能

技能1 迎客

步骤1 打招呼

见到顾客进门,应正面直视并面带微笑地打招呼,表示欢迎。

步骤2　询问

主动询问顾客需求，如"请问您需要什么？美式还是拿铁？需要搭配蛋糕或者面包吗？"，沟通过程中要始终保持耐心、细心。

技能2　引导就座

步骤1　打招呼

见到顾客进门，应正面直视并面带微笑地打招呼，表示欢迎。

步骤2　询问

主动询问顾客是否预订座位或在寻找座位，并确认顾客人数，如"请问您有预订吗？"或"请问您是在找座位吗？一共是几位呢？"

步骤3　找座位

（1）根据顾客人数，寻找合适的位置安排顾客入座。

（2）若顾客为1人，建议引至吧台或者单人座；若为2人，引至吧台或者两人座；若为3人及以上引至四人座。

步骤4　引导就座

（1）引导顾客至对应座位就座。

（2）高峰期，如需拼桌，须向待入座顾客及原座位上的顾客分别询问，如"您好，现在位置有些紧张，您介意跟这位顾客拼桌吗？"

（3）若需要拼桌，必须征得顾客双方的同意，同时妥善处理顾客物品。

（4）拼桌成功后，对原座位上的顾客要表示感谢和理解，如"谢谢理解，非常感谢您愿意拼桌"。

步骤5　提醒号牌

（1）顾客入座后，帮助顾客把号码牌立在桌上明显位置，号码正对吧台。

（2）告知顾客，咖啡（蛋糕、面包等）稍后会送来，如"稍候一会儿，咖啡好了马上给您送来"。

技能3　引导取餐

步骤1　打招呼

（1）必须正面直视顾客。

（2）面带微笑地说："您好！您的餐点已准备完毕。"

步骤2 询问顾客

（1）主动询问，比顾客先开口。

（2）对站在外场（手拿小票）的顾客询问确认是否已完成点单，如"请问您是已经点好了吗？"

（3）对已经入座但无餐食在桌面（桌上有小票）的顾客询问其是否已完成点单，如顾客是外带但表明会坐下喝一会儿再走，要尽量在咖啡做好后送到顾客面前，不要叫号。

步骤3 引导至出品区

（1）如果是外带单，要清晰、准确地告知咖啡出品区位置，并用手稍作指引，如"您好，外带咖啡在那边，等候出品即可"。

（2）如出品区等候人数较多，须维持现场秩序，尽量引导顾客按照号码先后顺序排队。

步骤4 提醒号码

（1）跟顾客确认小票上的外带单号，并清楚告知，如"您的单号是001号"。

（2）提醒顾客在出品区等候时，注意听号码，并凭小票取餐。

技能4　回应顾客需求

步骤1 打招呼

（1）必须正面直视顾客。

（2）面带微笑，殷勤款待。

步骤2 询问

（1）主动询问，比顾客先开口，问清楚顾客的需求是什么，如"请问有什么能帮助到您的？"

（2）在沟通过程中必须保持耐心、细心，以倾听为主。

步骤3 确认需求

（1）完整确认顾客的需求，包括所需的具体物品及数量。如"打包袋/纸巾/吸管，马上帮您去拿，请问您需要多少呢？"

（2）如果对顾客的疑问无法解答或者不确定回答是否妥当时，首先安抚顾客，请顾客稍作等候，然后立即向其他员工寻求帮助，如"抱歉，稍等一下，这个问题我去帮您找专人解决"。

（3）如果找其他员工帮助解决顾客需求，务必提前向其介绍清楚背景（包括事件的前因后果、顾客的真正需求、无法解答的问题是什么等）。

步骤4　解决需求

（1）及时解决顾客需求或回答顾客疑问。

（2）在保持专业性的同时，提供有效的解决方案。

步骤5　感谢

（1）对顾客提出的好建议表示感谢，如"感谢您的建议，这对我们很有帮助"。

（2）欢迎顾客再来，如"欢迎下次再来，让我们给您提供更好的咖啡体验"。

学习单元2　轻食准备与制作

本单元所介绍的轻食是指咖啡环境下的轻食，也可以称为"咖啡轻食"，即咖啡店内提供的一种便捷、多样化的用餐选择。咖啡轻食通常包括蛋糕、三明治、贝果等，仅需经过简单的解冻、加热、装盘等操作，具有轻便、快捷的特点，适合在咖啡店内作为小吃或餐点。

在咖啡店中，咖啡轻食可以作为早餐、午餐或晚餐的补充，也可以作为单独的用餐选择。这些食品通常具有独特的口感和风味，与咖啡相得益彰，为顾客提供更加丰富多样的用餐体验。

为了提供优质的咖啡轻食，咖啡店应注重食品的品质和口感，同时需要关注食品的卫生和安全。在制作过程中，需要遵循相关的卫生和安全规定，确保食品的卫生和质量安全。

此外，咖啡轻食还可以与咖啡店的环境和氛围相融合，为顾客营造更加舒适、愉悦的用餐环境。因此，在选择咖啡轻食时，需要考虑与咖啡店的风格和定位相匹配，以提升顾客的用餐体验。

一、蛋糕

蛋糕是一种非常受欢迎的甜品，有不同的口味和种类。常见的蛋糕种类包括：

1. 奶油蛋糕

奶油蛋糕是一种用奶油作为主要装饰的蛋糕，通常有软糖和奶油层。

2. 水果蛋糕

水果蛋糕是以水果为主要成分，常常装饰上鲜美多样的水果块。

3. 巧克力蛋糕

巧克力蛋糕是一种以巧克力作为主要成分的蛋糕，有时还会加入巧克力脆片或巧克力酱。

4. 芝士蛋糕

芝士蛋糕是一种以奶酪为主要成分的蛋糕，有时会加入水果或巧克力碎片增加口感。

5. 纸杯蛋糕

纸杯蛋糕是一种小巧、个体化的蛋糕，常使用纸杯焙烤。

二、三明治

三明治是一种方便、快捷的食品，通常由两片面包夹着各种食材和调料制成。以下是五种常见的三明治类型：

1. 火腿三明治

火腿三明治是一种用火腿片夹在面包片之间制作而成的三明治。

2. 鸡肉三明治

鸡肉三明治是一种用烤鸡肉块或炸鸡块夹在面包片之间制作而成的三明治。

3. 蔬菜三明治

蔬菜三明治是以蔬菜（如生菜、番茄、黄瓜等）为主要食材制作而成的三明治。

4. 鸡蛋三明治

鸡蛋三明治是一种用煮蛋、炒蛋或太阳蛋夹在面包片之间制作而成的三明治。

5. 牛肉三明治

牛肉三明治是一种用烤牛肉块或炖牛肉夹在面包片之间制作而成的三明治。

三、贝果

贝果是一种圆形的带有洞孔的面包，常有口感酥脆的外皮和柔软的内质。以下介绍四种常见的贝果类型：

1. 菠萝贝果

菠萝贝果上撒满了菠萝粒,给贝果增加了一种特殊的甜味。

2. 芝士贝果

芝士贝果是在贝果上加入奶酪层并经过烤制而成。

3. 鲜肉贝果

鲜肉贝果是在贝果内夹入熟食肉类,如培根、火腿或烤鸡块等。

4. 波士顿贝果

波士顿贝果上会刷上蛋黄和奶油,使得贝果表面更加香脆。

操作技能

技能1 蛋糕的准备与出品

一、操作准备

蛋糕盘(见图1-1)、蛋糕叉(见图1-2)、一次性手套、一次性餐具等。

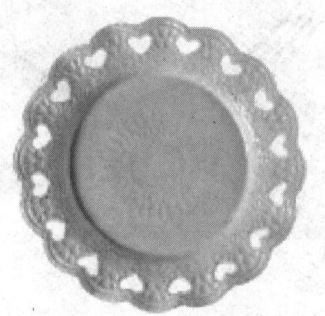

图1-1 蛋糕盘

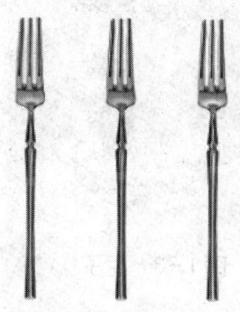

图1-2 蛋糕叉

二、操作步骤

步骤1 取一块蛋糕,拆除外包装。

步骤2 奉客

(1)堂食:摆盘,配备蛋糕叉。

(2)外带:使用包装盒,配备一次性餐具。

三、出品要求

1. 外观

表面平整,没有明显凹凸或皱纹。装饰精美,奶油花或水果块摆放整齐。

2. 口感

蛋糕的口感松软、细腻。奶油层和夹心层分布均匀，呈现丰富的层次感。

3. 味道

甜度适中，不过甜或过淡。

四、注意事项

1. 在接触和处理食品、饮品前，要洗手或戴手套。

2. 丢弃并记录所有过期的原料、产品。

3. 在使用设备、工具前进行清洁和消毒。

4. 避免与烤箱直接接触，以免造成烫伤。

技能2 三明治的准备与出品

一、操作准备

盘子（见图1-3）、刀叉（见图1-4）、一次性手套、一次性餐具等。

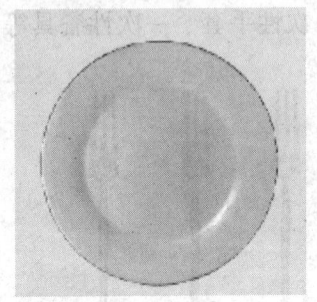

图1-3 盘子

图1-4 刀叉

二、操作步骤

步骤1 取一块三明治，拆除外包装，如图1-5所示。

图1-5 三明治

步骤 2　奉客

（1）堂食：摆盘，配备刀叉。

（2）外带：使用包装盒，配备一次性餐具。

三、出品要求

1. 外观

三明治外观整齐，没有松散的馅料溢出。面包片没有变形或碎裂，颜色均匀、有光泽。

2. 口感

面包坯酥脆或柔软，应取决于顾客的喜好。馅料搭配丰富，每一口都有不同的口感。

3. 味道

食材新鲜，蔬菜的清爽和肉类的咸香相得益彰；调味适中，味道不要过于浓重或淡薄。

四、注意事项

出品时要注意保持三明治的新鲜度和卫生，确保每份食物的质量和卫生安全。根据顾客的特殊要求，可以提供定制的三明治，以满足不同的口味偏好需求。

技能 3　贝果的准备与出品

一、操作准备

烤箱、黄油刮刀、酱盒、冰激凌勺、盘子、刀叉、一次性手套、一次性餐具等。

二、操作步骤

步骤 1　取一个贝果，拆除外包装，横向切开，如图 1-6 所示。

图 1-6　贝果横向切开

步骤2　依据烤箱性能，选择合适的时间和温度进行加热。

步骤3　涂抹贝果

（1）取出烤制好的贝果。

（2）使用冰激凌勺取1勺奶油芝士（克重遵循标准）放在贝果切面上。

（3）使用黄油刮刀将奶油芝士涂抹均匀，如图1-7所示。

图1-7　涂抹贝果

步骤4　奉客

（1）堂食：摆盘，配备刀叉。

（2）外带：使用包装纸，配备一次性餐具。

三、出品要求

1. 外观

贝果的外观呈金黄色，上色均匀。表面光滑，没有皱纹、裂缝或烧焦的痕迹。

2. 口感

贝果外表酥脆，内部松软有嚼劲，口感平衡。

3. 味道

贝果味道香浓，有一定的麦香味。可适量加入一些盐，不能过咸，也不能过淡。

4. 尺寸

贝果大小要均匀，厚度要适中，保持尺寸的一致性。

培训课程 3 销售

学习单元1 日常销售服务

一、点单服务

1. 介绍

对于想要选购产品的顾客，询问其在口味上有什么偏好或者特殊需求，为顾客介绍本店的特色产品（名称、特点、售价等）以及当日特惠、本月新品等，帮助顾客挑选并询问意见。

2. 点单

（1）引导至收银区点单

对于在寻找收银台的顾客，应清晰准确地告知收银台位置，并用手稍作指引，确保顾客顺利完成点单。

（2）提醒顾客线上点单

提醒顾客可以扫描二维码或直接进入小程序，通过电子菜单系统，浏览并选择自己喜欢的饮品及食物。

3. 下单

点单完成后，与顾客复核一遍点单内容，并及时输入点单机内，注意核对顾客的特殊要求，避免出错。

二、点单注意事项

1. 向顾客介绍产品时要面带微笑，语速适当，吐字清晰，确保顾客能够听清。

2. 对于一些自己无法解答的产品问题，应及时求助店内其他工作人员。

3. 不可把顾客独自晾在商品区，除非顾客明确表示不需要介绍。

4. 沟通过程中必须保持耐心、细心。

学习单元2　日常结账服务

一、结账服务

1. 核实账单

向顾客核实所选饮品及食物，确认消费金额。

2. 结账

（1）确认支付方式

询问顾客使用的支付方式，如现金、银行卡、支付宝、微信、团购券等。

1）若顾客用现金支付，收银人员应当面点清钱款并确认金额。

2）若顾客用银行卡支付，需要使用刷卡设备，刷卡后应让顾客签字确认。

3）若顾客用支付宝、微信等移动支付客户端支付，应提醒顾客扫描二维码支付即可，收银人员要确认已收到款项。

4）若顾客用团购券支付，收银人员需要输入团购券的订单号或扫描二维码。

（2）提醒顾客可线上结账

提醒顾客可以通过扫描二维码或直接进入小程序结账。

3. 支付完成

顾客支付完成后，向顾客提供订单小票，提醒顾客可通过订单小票开具发票。

二、结账注意事项

1. 结账时，如果顾客选择的支付方式不能操作，需要及时向其解释原因，争取顾客理解，更换支付方式。

2. 当发生结算错误时，要真诚地向顾客道歉，并及时纠正。

3. 提醒顾客离开时不要遗忘随身物品。

培训课程 4

营业区域清洁与消杀

学习单元1　营业区域清洁

一、工作区清洁

1. 清空工作台

除大型设备外，将工作台上所有物品清空。

2. 清洁

（1）用专用清洁毛巾和多表面清洁剂擦拭工作台面，至无可见污渍为止。

（2）擦拭咖啡机、磨豆机等设备的表面及底部，清洁烤箱、柜门、冰箱门，清洗奶缸清洗槽、敲粉槽等区域。

（3）仔细清洁工作区的各个角落，如工作台转角处、柜子内侧角落、柜门内侧、垃圾桶内壁等，注意不要遗漏，清洁至无可见污渍为止。

3. 物品归位

工作台面清洁干净后，将之前移开的物品归位，方便后续使用。

二、收银区清洁

1. 使用标准的清洁工具和用品，如专用清洁毛巾、清洁刷、中性清洁剂等。确保工具的清洁性和耐用性，避免使用具有强烈刺激性或腐蚀性的清洁剂，以免损坏收银台表面。

2. 将收银区的物品整理好，避免在清洁过程中弄乱或丢失。

3. 使用专用清洁毛巾和中性清洁剂擦拭收银台表面，去除污渍和灰尘。对于顽固污渍，可使用清洁刷轻轻刷洗。注意清洁收银台及周边区域，包括收银台边缘、角落，这些地方容易积聚灰尘和污渍。

三、地面清洁

1. 日常工作中注意留意地面，低峰时及时清洁。

2. 发现大范围污渍时，用扫把清扫地面及角落，用拖把擦净咖啡渍、水渍、奶渍等，保证无可见污渍。

技能1　咖啡机表面清洁

一、操作准备

咖啡机、毛巾、纸巾等。

二、操作步骤

咖啡机表面清洁的操作步骤见表1-1。

表1-1　　　　　　咖啡机表面清洁的操作步骤

操作步骤	图示
步骤1　使用干净的毛巾清洁咖啡机正面	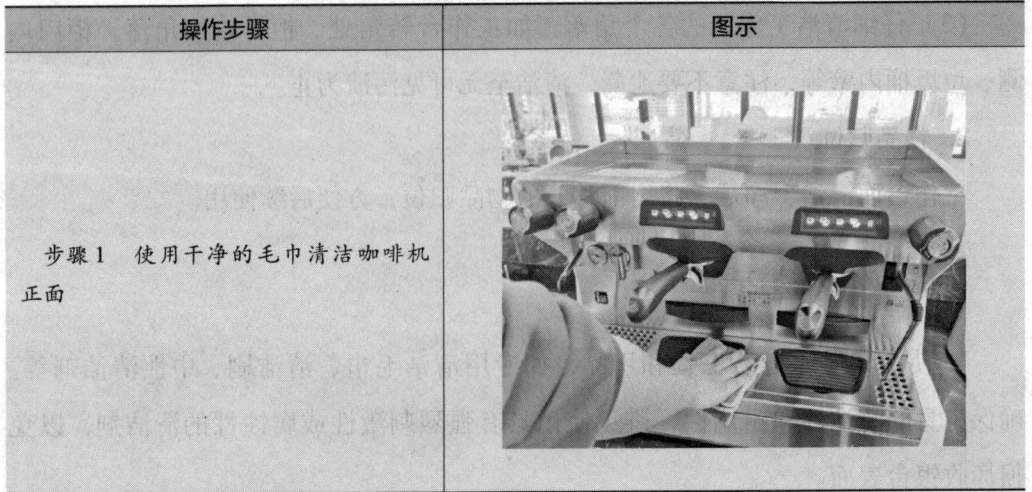

续表

操作步骤	图示
步骤2　清洁冲煮头表面	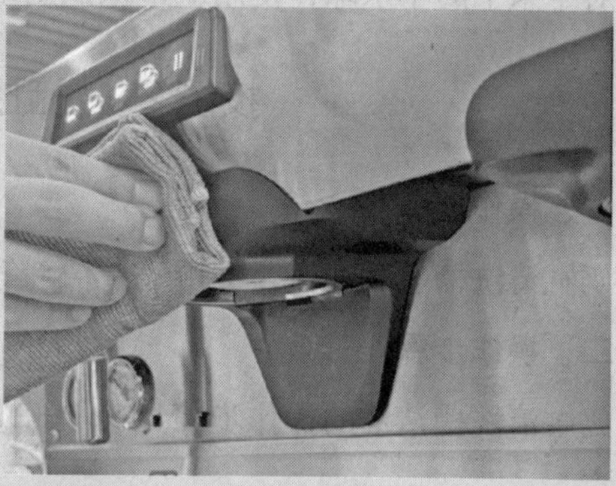
步骤3　清洁咖啡机侧面	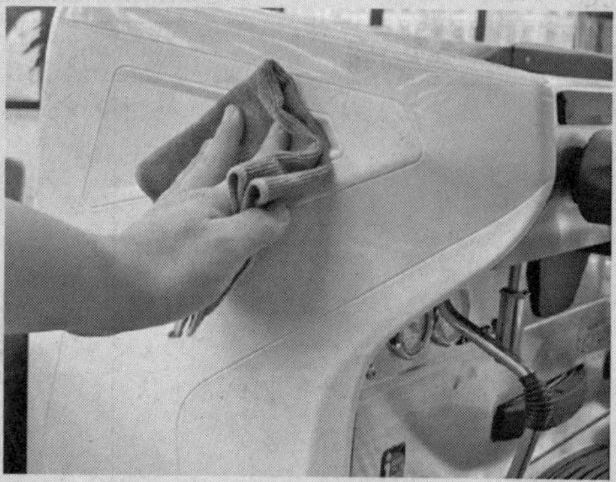
步骤4　清洁咖啡机背面	
步骤5　使用纸巾擦拭去除咖啡机表面残留水渍	

三、注意事项

对于未干的小水珠，使用纸巾擦拭则不会有水渍残留。

技能2　奶缸清洗槽清洁

一、操作准备

奶缸清洗槽、手冲壶、毛巾、清洁剂等。

二、操作步骤

奶缸清洗槽清洁的操作步骤见表1-2。

表1-2　　　　　　　　奶缸清洗槽清洁的操作步骤

操作步骤	图示
步骤1　取下滤水盘，用毛巾和清水清洗至无可见污渍，擦干备用	
步骤2　逆时针旋转取下喷头，用毛巾和清洁剂仔细清洗至无可见污渍，擦干备用	

续表

操作步骤	图示
步骤3 用清洁剂和毛巾清洗奶缸清洗槽表面的奶渍、咖啡渍	
步骤4 用手冲壶接取热水，冲去奶缸清洗槽内的泡沫及污水，注意不要遗漏任何角落	
步骤5 用干净的毛巾擦干奶缸清洗槽的水渍，将滤水盘归位，喷头顺时针旋转归位	
步骤6 按压检查，确认出水正常；在奶缸清洗槽下水口倒入一定剂量的下水道清洁剂（此后不要再用水冲洗）	

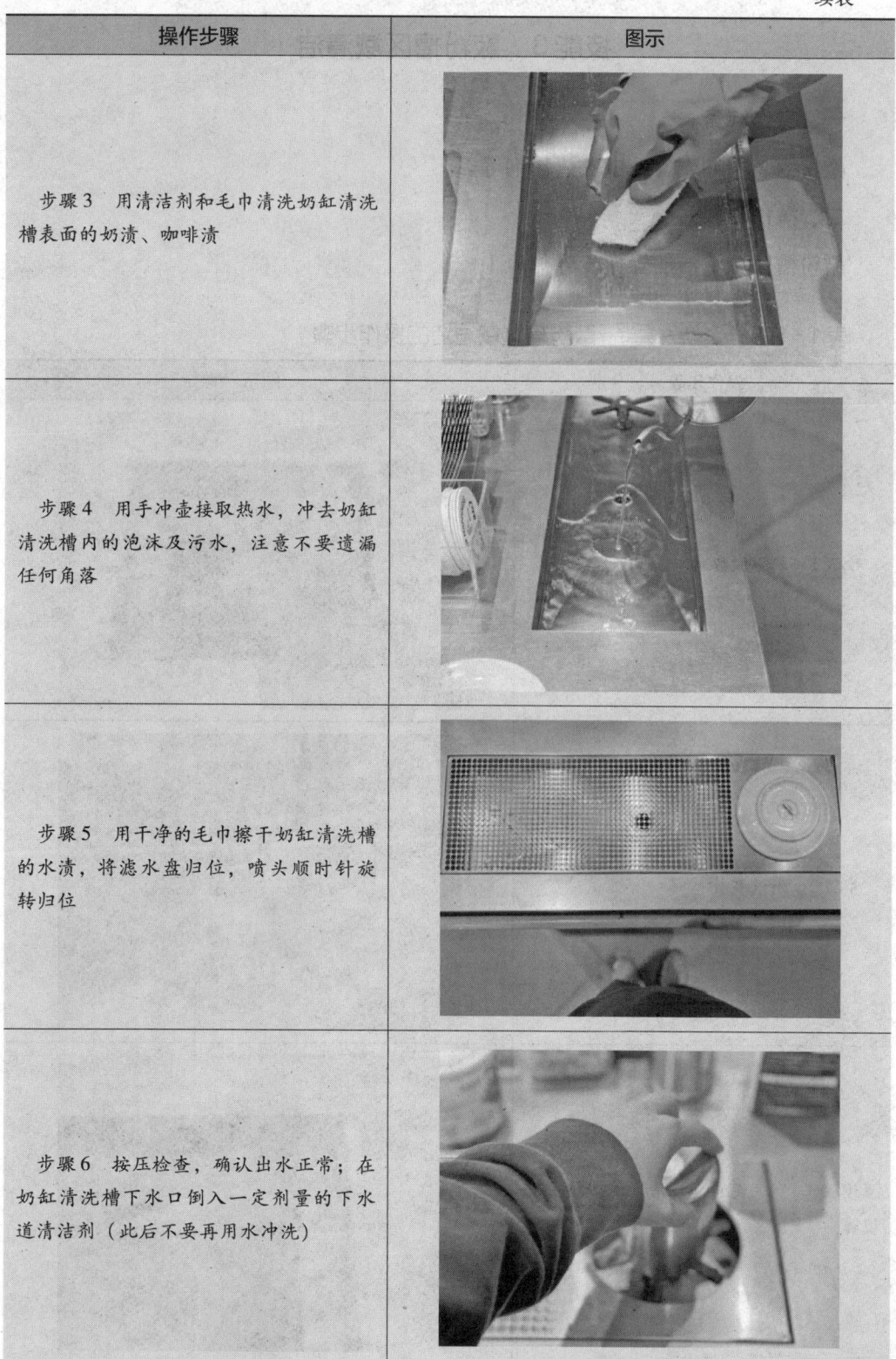

技能3　敲粉槽区域清洁

一、操作准备

敲粉槽、手冲壶、毛巾、清洁剂等。

二、操作步骤

敲粉槽区域清洁的操作步骤见表1-3。

表1-3　　　　敲粉槽区域清洁的操作步骤

操作步骤	图示
步骤1　取下胶棒	
步骤2　清洗胶棒	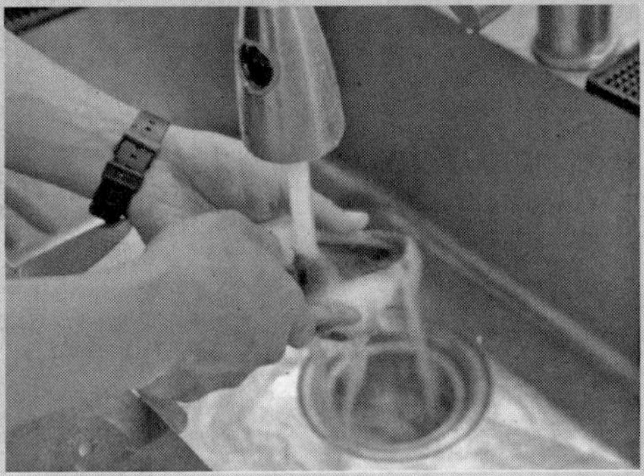
步骤3　使用毛巾和清洁剂清洁敲粉槽边缘	

续表

操作步骤	图示
步骤4 用手冲壶接取热水冲洗敲粉槽区域	
步骤5 用干净的毛巾擦拭残留水渍	
步骤6 将胶棒擦干归位	

学习单元2 营业区域消杀

一、消杀范围

对咖啡店公共区域、备料间、储物间、员工休息区域等，根据相关标准定期开展虫害消杀，包括灭蚊、灭蟑螂、灭鼠、灭螨虫等。

二、消杀操作流程

1. 消杀人员根据要求的消杀方式在工作范围内进行消杀活动。

2. 每消杀一个区域均须区域负责人在消杀记录报告单上签字确认。

3. 每次消杀结束后，消杀人员均须在消杀登记台账上签字，并将当天消杀记录报告单存档。

4. 各区域负责人须对区域消杀情况进行反馈，店长对消杀情况进行督查，若有情况及时联系消杀人员进行整改并做好记录台账。

职业模块 ② 咖啡制作

培训课程 1

压力式（意式）咖啡制作

学习单元1　使用磨豆机研磨咖啡豆

咖啡磨豆机（以下简称磨豆机）是将烘焙过的咖啡豆研磨成咖啡粉的设备。研磨的目的是增加咖啡与水的接触面积，以便进行咖啡萃取。

一、磨豆机的类型

1. 无粉仓定量直出磨豆机

无粉仓定量直出磨豆机，通过控制研磨时间达到控制出粉量的目的。时间越长，出粉量越多；时间越短，出粉量越少。咖啡师只需要根据咖啡粉的用量，设置好研磨时间，在制作咖啡时按下相应的按键，就可以连续研磨，制作出品，最大限度地保留咖啡香气。有些较高端的磨豆机还可以显示研磨咖啡粉的克重，省去了为咖啡粉称重的环节，极大地提升了制作效率。

2. 有粉仓手拨式磨豆机

有粉仓手拨式磨豆机可以提前预磨咖啡粉并储存于粉仓，以便咖啡店为高峰期做准备。但是，咖啡豆在研磨之后，其香气会加速释放，若错误预估高峰期，会导致咖啡香气散失而品质下降，也会造成物料的损耗。

3. 手摇式磨豆机

手摇式磨豆机轻便、小巧，便于携带，主要作为家用和旅行外出时使用。

二、磨豆机的结构

磨豆机主要由豆仓、磨盘、机身、手柄放置架、残粉盘、电源开关等组成。

有粉仓手拨式磨豆机带有粉仓和拨杆；无粉仓定量直出磨豆机缺少了粉仓，增加了显示屏等，如图2-1所示。

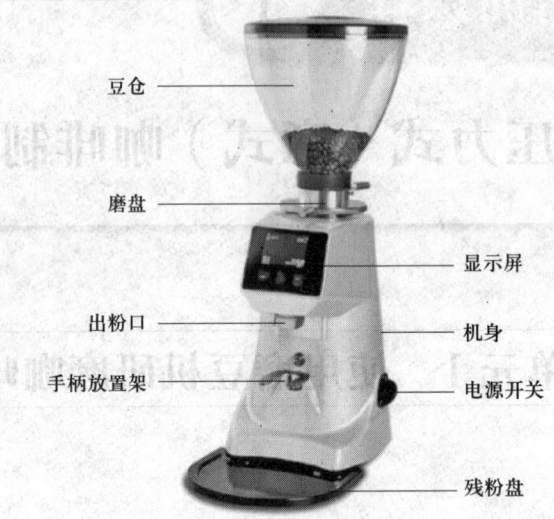

图2-1 无粉仓定量直出磨豆机

1. 豆仓

豆仓通常位于磨豆机顶部，用于放置待研磨的咖啡豆。豆仓一般都带有豆仓盖和豆槽挡板。研磨咖啡豆时，须拉开豆槽挡板，咖啡豆才能进入磨盘。

2. 磨盘

（1）平行磨盘

平行磨盘又称平刀，如图2-2所示，是最普遍、入门级的磨盘款式。根据摆放位置不同，平行磨盘可分为水平和垂直两种类型。

1）工作原理。当电动机启动时，附着在电动机上的金属刀片产生切削动作，把咖啡豆切成碎的颗粒。

2）优缺点

①优点：定位较为清晰，磨豆机档次和出品质量与磨盘直径成正比。

②缺点：由于平刀刀刃对咖啡豆随意切割，所以研磨颗粒均匀度略差，细粉较多，在冲煮中容易导致咖啡萃取不足或者萃取过度。此外，平刀摩擦会产生热量，特别是在磨豆机工作时间较长的情况下，会有明显的烧焦味和苦涩味。

图2-2 平行磨盘

（2）锥形磨盘

锥形磨盘又称锥刀，如图2-3所示，只能水平设置，使咖啡豆以从上往下掉落的方式被研磨。

1）工作原理。通过两个"锥刀刺"之间的研磨动作，颗粒不需要靠推挤的方式即可被推出。

2）优缺点

①优点：和平刀磨豆机相比，锥刀磨豆机研磨的颗粒更均匀，产生的细粉比例低，不容易产生杂味和涩味，提升了咖啡风味的层次感。

②缺点：咖啡颗粒吸水路径较长，内部须花更长的时间才能接触到水。

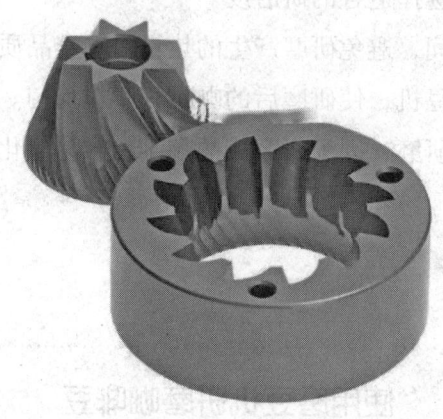

图2-3 锥形磨盘

3. 手柄放置架

手柄放置架位于出粉口正下方，用于放置咖啡机手柄。

4. 电源开关

电源开关是控制磨豆机通电的开关，通常位于机身底部侧面位置。

5. 粉仓

粉仓是有粉仓手拨式磨豆机的特有结构，用于储存咖啡粉。拨动拨杆即可使咖啡粉通过出粉口落在咖啡机手柄的粉碗中。

三、调节研磨度

研磨度反映的是咖啡粉颗粒粗细（大小）程度，通常由磨豆机的磨盘间距决定。大部分磨豆机可以通过旋转研磨度调节盘调整磨盘间距，间距越大，研磨的颗粒越粗，对应的研磨度越大；反之，间距越小，研磨的颗粒越细，对应的研磨度越小。一般情况下，逆时针转动刀盘可以调大研磨度，顺时针转动刀盘可以调小研磨度。

四、设置研磨时间

无粉仓定量直出磨豆机一般通过设置研磨时间确定磨出的咖啡粉量。时间越长，粉量越多；时间越短，粉量越少。此外，磨出的粉量还会受到研磨度的影响，研磨度越小，磨出一定粉量所用的时间也更长。

五、研磨要素

1. 应根据冲煮方法选择适合的研磨度。
2. 尽量缩短研磨时间，避免研磨产生的热量对咖啡品质造成影响。
3. 应选择优质的磨豆机，使研磨后的咖啡粉颗粒均匀。
4. 应在冲煮之前再研磨，因为研磨成的咖啡粉容易氧化而散失香味。

操作技能

使用磨豆机研磨咖啡豆

一、操作准备

1. 设备准备

无粉仓定量直出磨豆机。

2. 器具准备

咖啡机手柄。

3. 物料准备

咖啡豆。

二、操作步骤

使用磨豆机研磨咖啡豆的操作步骤见表2-1。

表2-1　　　　　　　使用磨豆机研磨咖啡豆的操作步骤

操作步骤	图示
步骤1　将咖啡豆倒入豆仓中	
步骤2　确认豆仓的豆槽挡板处于打开状态	

续表

操作步骤	图示
步骤3　将咖啡机手柄放到手柄放置架上，确认粉碗位于出粉口正下方	
步骤4　设置研磨时间	
步骤5　点击触碰按钮，开始磨粉	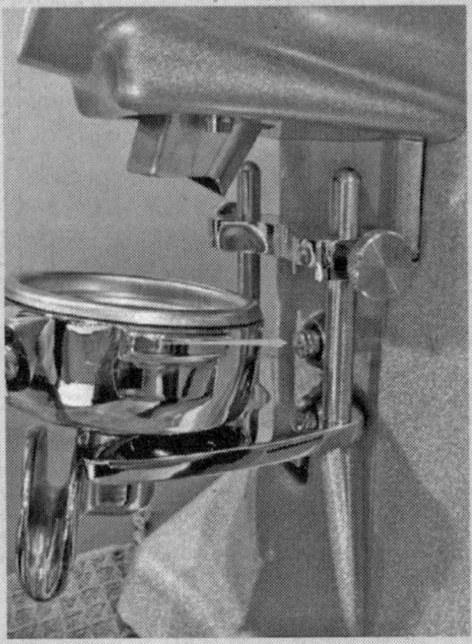

续表

操作步骤	图示
步骤6 完成磨粉,确保咖啡粉都落在咖啡机手柄的粉碗中	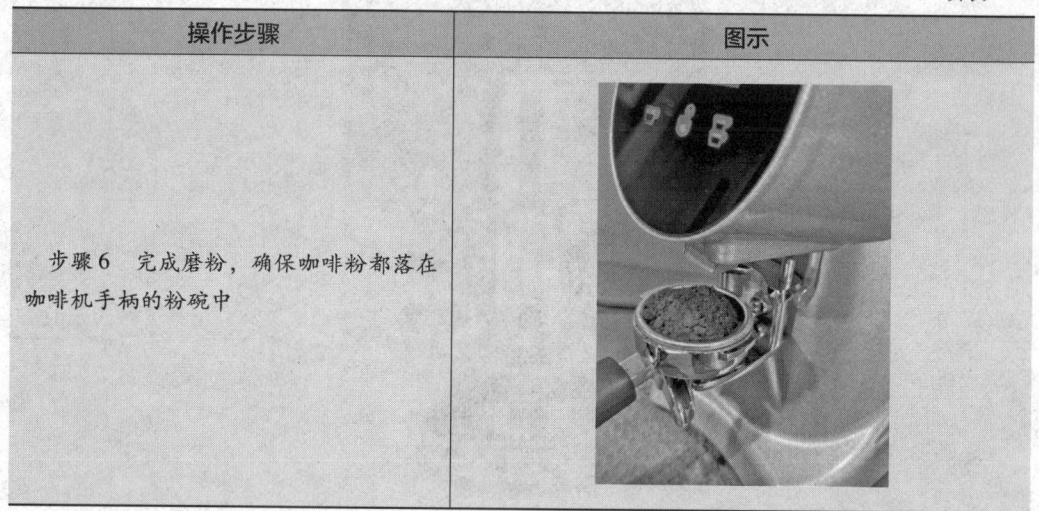

三、注意事项

1. 研磨咖啡豆前,须先确认豆仓的豆槽挡板处于打开状态。

2. 在确认咖啡机手柄的粉碗或接粉容器位于磨豆机出粉口正下方后,再开始研磨。

3. 注意根据实际需求粉量,选择对应的按键,防止出粉量错误,造成浪费。

学习单元2　使用压力式(意式)咖啡机制作意式浓缩咖啡

一、压力式(意式)咖啡机的发展

1884年,意大利人Angelo Moriondo发明了一种利用水和蒸汽压力制作咖啡的大型咖啡设备,此设备被誉为意式咖啡机的雏形。咖啡制作所需的压力直接来源于锅炉中被加热沸腾的水,制成的咖啡苦味很重。

1901年,来自米兰的Luigi Bezzera推出使用锅炉蒸汽压力萃取的蒸汽型咖啡机,如图2-4所示。1905年,该咖啡机专利权被卖给La Pavoni公司,开始批量生产。

图2-4 锅炉蒸汽压力萃取的蒸汽型咖啡机

1938年,出现了利用压缩空气的商业型咖啡机,如图2-5所示。1948年,Achille Gaggia为拉杆手柄组件申请了专利,适当的压力使咖啡有史以来第一次呈现出富有光泽的油脂,这种咖啡机制作的咖啡已经非常接近于现在的意式浓缩咖啡了。1956年,Cimbali在咖啡机内使用液压控制系统,避免在使用拉杆时耗费太多力气。

图2-5 利用压缩空气的商业型咖啡机

1961年,意大利与西班牙合作生产了FAEMA E61咖啡机,此设备由扣入加压泵的装置提供稳定的萃取压力,取代之前的机械式拉杆或液压控制系统,目前大部分机型仍沿用此模式,如图2-6所示。

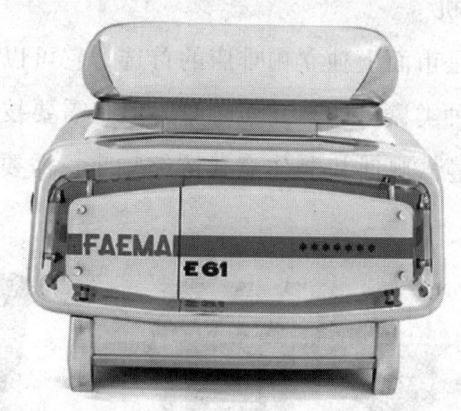

图2-6 FAEMA E61 咖啡机

热交换系统的设计解决了原来单一锅炉所面临的许多问题，如水温过高、水质因重复加热产生化学变化，以及大锅炉加热速度慢、需要较长时间等待等问题。FAEMA E61 咖啡机成为咖啡机历史上独具意义的跨时代机型。

二、压力式（意式）咖啡机的分类

1. 手动意式咖啡机

利用手动意式咖啡机冲煮咖啡时，磨粉、装填、压粉、萃取等所有过程都是手动完成的，对咖啡师的技能要求较高。手动意式咖啡机虽然价格便宜，但效率低。

2. 全自动意式咖啡机

全自动意式咖啡机（见图2-7）主要用于无咖啡师的门店，如便利店等。全自动意式咖啡机的优点是操作简易、效率高，缺点是维护和维修费用高。

 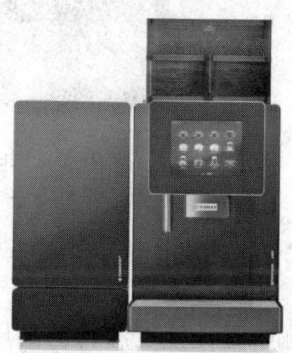

图2-7 全自动意式咖啡机

3. 半自动意式咖啡机

半自动意式咖啡机是市面上独立咖啡店的首选,它可以在咖啡萃取时选择多种不同的参数,以制作种类繁多的高品质咖啡,但是需要技能水平较高的咖啡师进行操作。使用半自动意式咖啡机制作意式浓缩咖啡,需要配合使用磨豆机,如图2-8所示。

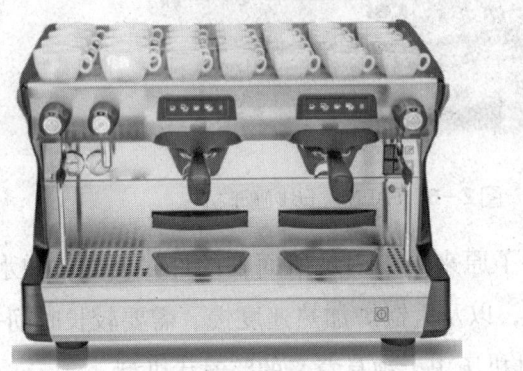

半自动意式咖啡机　　　　　磨豆机

图2-8　半自动意式咖啡机与磨豆机

半自动意式咖啡机结构包括电源开关、面板开关、控制面板、冲煮头、手柄、蒸汽棒、热水开关、蒸汽开关、压力表、滤水盘、温杯区等,如图2-9所示。

图2-9　半自动意式咖啡机结构

三、意式浓缩咖啡萃取

意式浓缩咖啡是让接近沸腾的高压水流通过研磨很细且压紧实的咖啡粉制作而成的一种饮品。意式浓缩咖啡表面有一层丰富细腻的油脂,口感顺滑,是制作其他意式咖啡的基底。

1. 意式浓缩咖啡的制作要点

（1）确认机器工作状态

1）确认咖啡机水压（8~10 bar）和气压（0.8~1.5 bar），如图 2-10 所示。

图 2-10　水压表和气压表

2）打开咖啡机蒸汽开关，确认有蒸汽持续不断地喷出（见图 2-11），表明咖啡机锅炉已完成加热，可以制作咖啡。

图 2-11　蒸汽持续不断地喷出

（2）咖啡师与吧台、设备的位置关系

通常情况下，为了方便操作，一般将咖啡机放置于磨豆机的左侧，摆放位置如图 2-12 所示。在制作咖啡时，咖啡师站立于咖啡机前方，面向咖啡机。咖啡机与磨豆机须保持适当距离，以避免操作冲突以及咖啡机水蒸气对咖啡豆、咖啡粉产生影响。

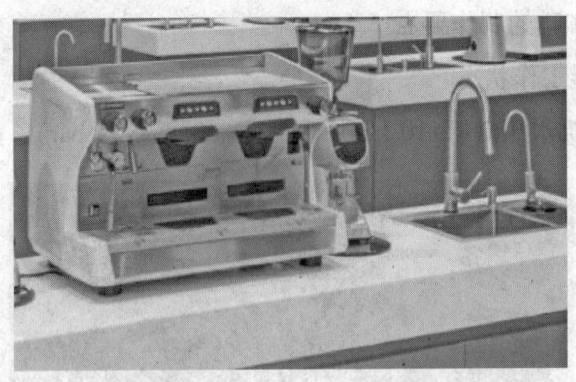

图 2-12 设备摆放位置

2. 意式浓缩咖啡的制作参数

意式浓缩咖啡的常用制作参数见表 2-2。

表 2-2　　　　　意式浓缩咖啡的常用制作参数

序号	项目	参数
1	咖啡粉用量	单份 8~9 g，双份 16~19 g
2	水温	90.5~96 ℃
3	萃取压力	9×10^5 Pa
4	研磨度	细
5	压粉力度	15~20 kg
6	萃取量	单份 25~35 mL，双份 50~70 mL
7	萃取时间	20~30 s

随着咖啡设备和制作技术的进步，以及咖啡豆品质的提升，制作一杯好的意式浓缩咖啡已经不仅仅局限于以上常规数据，建议初学者可以从基础开始了解，之后通过不断探索、学习、尝试，开启新的咖啡制作之旅。

操作技能

制作意式浓缩咖啡

一、操作准备

1. 设备准备

半自动意式咖啡机、磨豆机。

2. 器具准备

布粉器、压粉器、电子秤、粉碗专用清洁毛巾、蒸汽棒专用清洁毛巾、吧台专用清洁毛巾、意式浓缩咖啡杯、意式浓缩咖啡杯碟、咖啡勺等。

3. 物料准备

咖啡豆。

二、操作步骤

使用半自动意式咖啡机制作意式浓缩咖啡的操作步骤见表 2-3。

表 2-3　　　使用半自动意式咖啡机制作意式浓缩咖啡的操作步骤

操作步骤	图示
步骤1　检查设备是否正常运作	
步骤2　检查磨豆机内的咖啡豆是否足量且新鲜	

续表

操作步骤	图示
步骤3 将手柄从咖啡机上取下	
步骤4 用粉碗专用清洁毛巾擦拭粉碗内部,保持粉碗干净、干燥	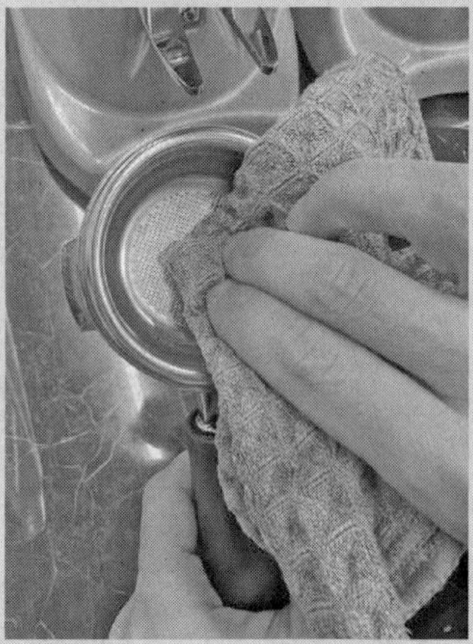
步骤5 将咖啡机手柄放置于电子秤上,电子秤归零	

续表

操作步骤	图示
步骤6　将咖啡机手柄放置在磨豆机的手柄放置架，按双份按键，接取咖啡粉	
步骤7　将接好粉的咖啡机手柄放置于电子秤上称量	
步骤8　将布粉器放置于咖啡粉上，旋转3圈，使咖啡粉分布均匀	

续表

操作步骤	图示
步骤 9　使用压粉器压粉，确保咖啡粉填压平整	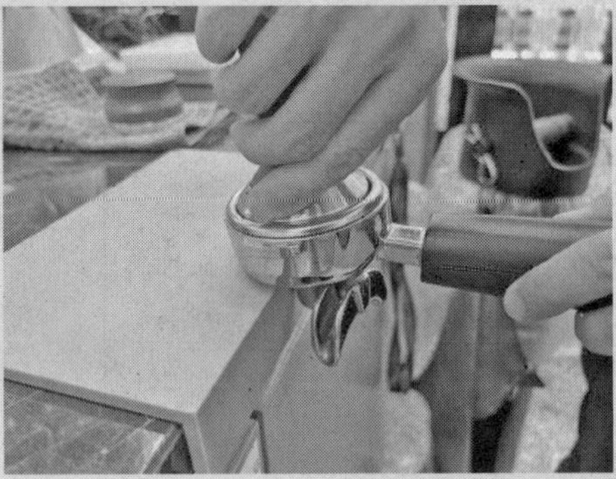 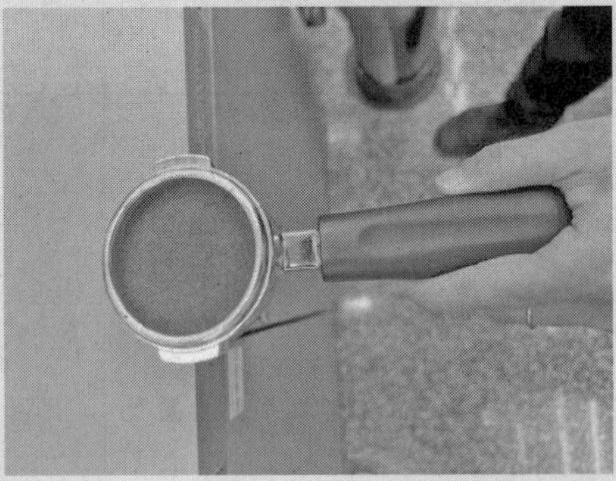
步骤 10　把填压平整后装有咖啡粉的咖啡机手柄扣上咖啡机冲煮头，进行萃取	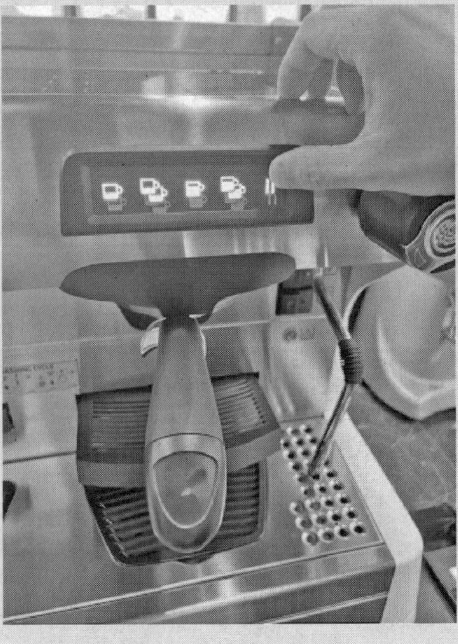

续表

操作步骤	图示
步骤11 将意式浓缩咖啡杯放置在咖啡机手柄分流嘴处，接取咖啡液	
步骤12 将制作好的意式浓缩咖啡放在指定区域以待出品	

三、注意事项

1. 为保证豆仓压力满足要求，需要保持装有豆仓一半体积的咖啡豆。

2. 使用布粉器布粉时，布粉旋转圈数不宜过多，过多属于无效动作；布粉旋转圈数也不宜过少，过少会使咖啡粉分布不均匀。

3. 在使用压粉器填压咖啡粉时，压粉器必须能够接触到咖啡粉表面，以达到有效填压的目的。

学习单元3 奶泡(沫)制作

一、奶沫制作工具

1. 手持电动打奶器

手持电动打奶器(见图2-13)是利用高速旋转的搅拌头,将空气持续打入牛奶中,从而形成奶沫。其优点是电动开关控制,可以满足家用打发冰奶沫的需求,简便易操作;缺点是不能加热牛奶,只能打发奶沫。

图2-13 手持电动打奶器

2. 手动打奶器

利用手动打奶器(见图2-14)也可以快速打发冰奶沫,其优点是操作简便,缺点是奶沫较为粗糙且流动性差,需要进行后续处理才能达到较为理想的效果。

图2-14 手动打奶器

3. 压力式咖啡机蒸汽打奶

咖啡店中常用压力式咖啡机制作奶沫。压力式咖啡机利用锅炉中热水的温度和压力,可以持续不断地产生蒸汽,在为牛奶快速加热的同时使牛奶体积膨胀而产生奶沫。

二、奶沫形成原理

将蒸汽打入牛奶中,利用乳清蛋白表面张力作用,形成许多细小的泡沫,从而使液态的牛奶体积膨胀,成为泡沫状的奶沫。

乳脂肪的作用是让形成的细小泡沫更稳定。饮用时,细小的泡沫在口中破裂,能让味道和芳香物质有较好的散发放大作用,产生香甜浓厚的味道和口感。

三、影响奶沫品质的因素

1. 牛奶的温度

牛奶在打发时,起始温度越低,蛋白质的变性就越完整、越均匀,发泡的程度也就越高。

2. 牛奶的脂肪含量

一般来说,牛奶的脂肪含量越高,奶沫的组织就会越绵密,但奶沫的比例会较少。以下三类牛奶打发后奶沫品质差别较大。

(1) 脱脂牛奶

脱脂牛奶是指脂肪含量低于0.5%的牛奶。用脱脂牛奶打发出来的奶沫一般体积比较大且质感粗糙。在使用脱脂牛奶制作奶沫时,由于缺少脂肪,奶沫打发好后其消散速度非常快,因此打发后须立即使用。

(2) 低脂牛奶

低脂牛奶是指脂肪含量为1%~1.5%的牛奶,用这种牛奶打发的奶沫体积适中,质感顺滑,口感丰盈。

(3) 全脂牛奶

全脂牛奶是指脂肪含量大于3%的牛奶,用这种牛奶打发的奶沫质感稠密,口感厚重丰富,绵密度相对较高。

3. 蒸汽量的大小

蒸汽量越大,打发过程中牛奶的转速与升温速度就越快,也就越容易产生较大的奶沫。蒸汽量大的设备,往往适用于较大的缸杯(小的缸杯容易产生乱流现象)。

4. 蒸汽的干燥度

蒸汽的干燥度越高，含水量越低，打发出来的奶沫就会越绵密。

四、奶沫品质判断标准

1. 打发状态良好的奶沫

打发状态良好的奶沫表面没有粗糙、不均匀的泡沫，其质地细腻、有光泽，如图 2-15 所示。

图 2-15　打发状态良好的奶沫

2. 打发状态不佳的奶沫

打发状态不佳的奶沫粗糙，有很多肉眼可见的大气泡，如图 2-16 所示。

图 2-16　打发状态不佳的奶沫

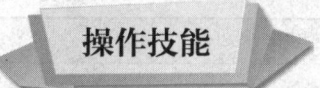

技能1 使用手持电动打奶器制作奶沫

一、操作准备

1. 器具准备

手持电动打奶器、奶缸等。

2. 物料准备

牛奶。

二、操作步骤

使用手持电动打奶器制作奶沫的操作步骤见表2-4。

表2-4　　　　使用手持电动打奶器制作奶沫的操作步骤

操作步骤	图示
步骤1　在奶缸中倒入牛奶,将手持电动打奶器放入奶缸中,打开电动控制开关	
步骤2　使手持电动打奶器在奶缸内上下缓慢移动并绕圈	

操作步骤	图示
步骤3 若奶缸中出现大的泡沫,调整手持电动打奶器的角度与深度,直至制作出细腻均匀的奶沫	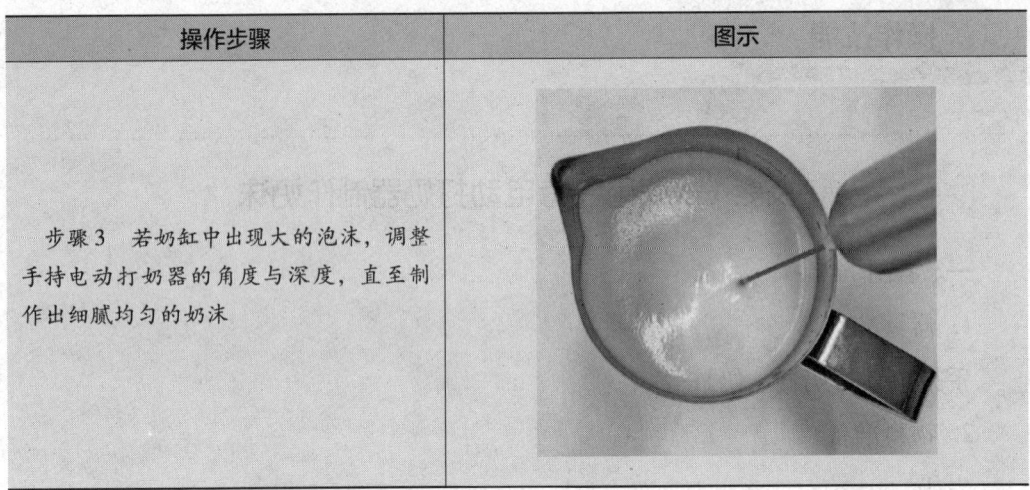

技能2 使用手动打奶器制作冰奶沫

一、操作准备

1. 器具准备

手动打奶器、奶泡壶、汤匙等。

2. 物料准备

牛奶。

二、操作步骤

使用手动打奶器制作冰奶沫的操作步骤见表2-5。

表2-5 使用手动打奶器制作冰奶沫的操作步骤

操作步骤	图示
步骤1 将冷藏好的牛奶(约4℃)倒入奶泡壶中(不超过壶的1/2,防止牛奶因为体积膨胀而溢出)	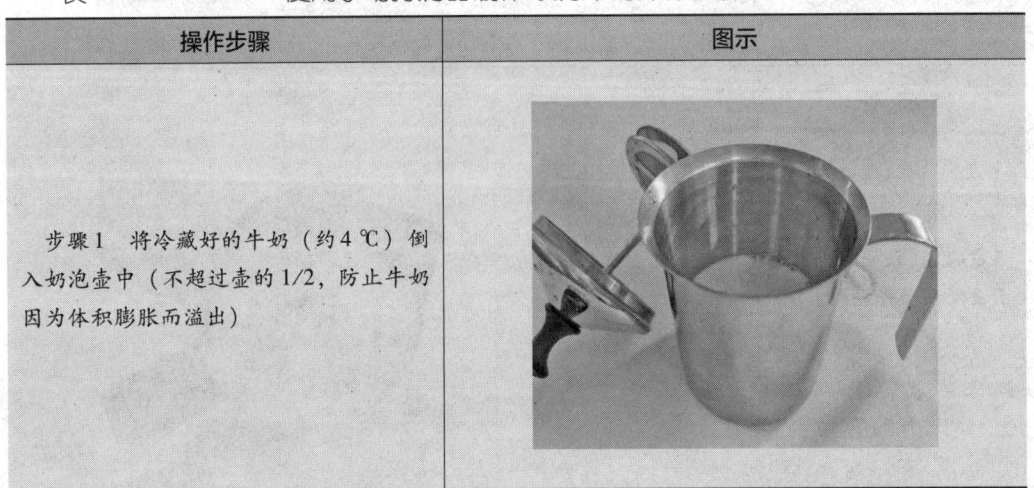

续表

操作步骤	图示
步骤2 将盖子和滤网盖上,快速抽动滤网,将空气压入牛奶中,尽量不要打到底和拉到顶。抽动40次左右即可,频率要快	
步骤3 移开盖子和滤网,用汤匙将表面粗大的奶沫刮掉	

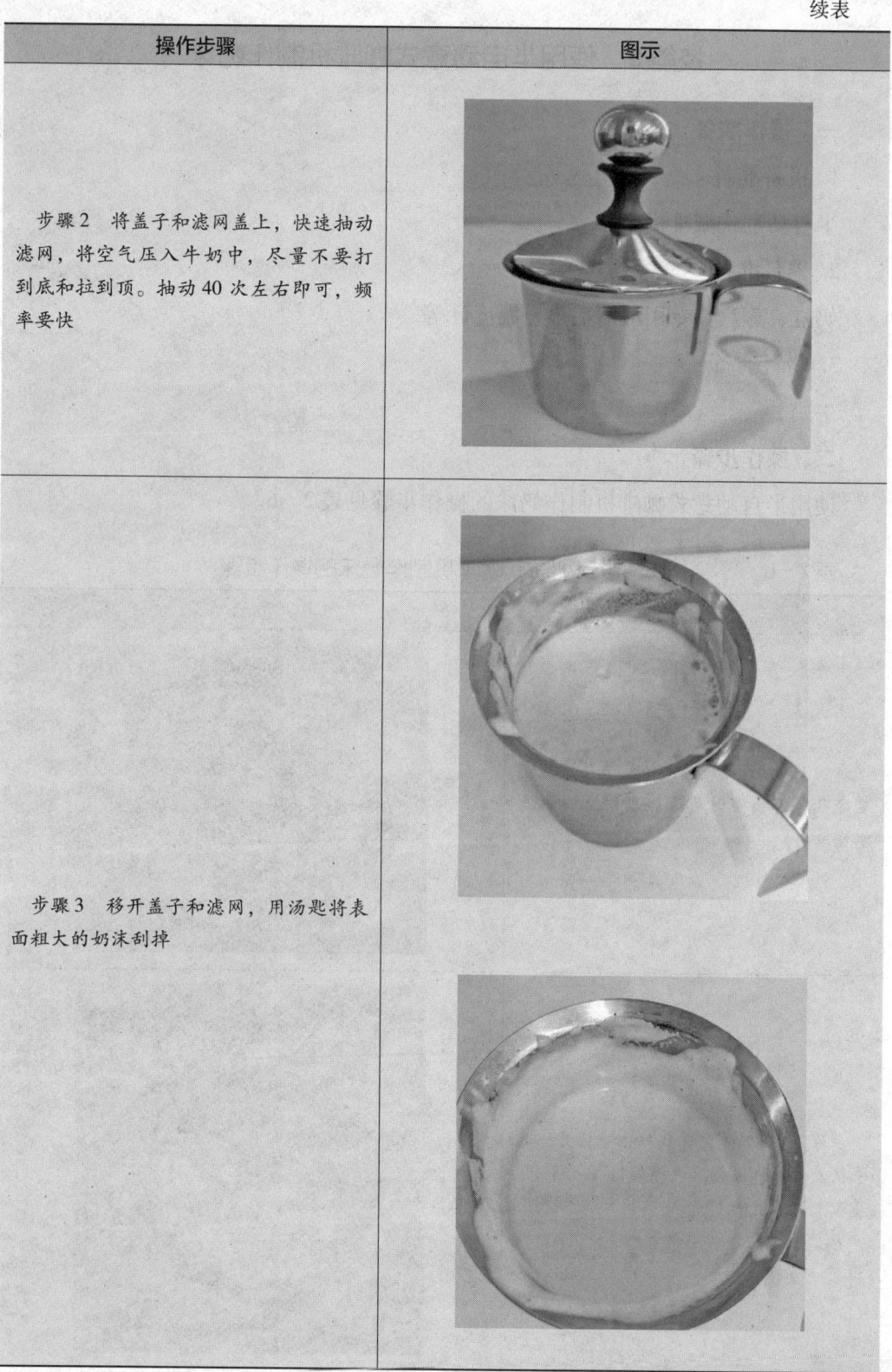

技能3 使用半自动意式咖啡机制作奶沫

一、操作准备

1. 设备准备

半自动意式咖啡机。

2. 器具准备

奶缸、蒸汽棒专用清洁毛巾、温度计等。

3. 物料准备

牛奶。

二、操作步骤

使用半自动意式咖啡机制作奶沫的操作步骤见表2-6。

表2-6　　使用半自动意式咖啡机制作奶沫的操作步骤

操作步骤	图示
步骤1　打开蒸汽开关，空喷蒸汽，排空冷凝水（排空时蒸汽棒朝向咖啡机滤水盘方向）	
步骤2　一只手握住奶缸把手，另一只手扶着奶缸缸体将蒸汽棒倾斜插入牛奶，浸入牛奶深度约1 cm处	

续表

操作步骤	图示
步骤3 再次打开蒸汽开关，使牛奶呈螺旋状旋转。在打入空气的过程中，沿着蒸汽棒向下缓慢移动奶缸，使打出的奶沫尽量细。在向下移动奶缸的过程中，要始终保持蒸汽棒插在牛奶中	
步骤4 用手触摸奶缸，感觉其温度变化，当手感觉到奶缸发烫，不能长时间触摸时，迅速关闭蒸汽开关	
步骤5 使用专用清洁毛巾擦拭蒸汽棒	

续表

操作步骤	图示
步骤6 擦拭完成后,再次排空冷凝水,关闭蒸汽开关,将蒸汽棒复位(排空时蒸汽棒朝向咖啡机滤水盘方向)	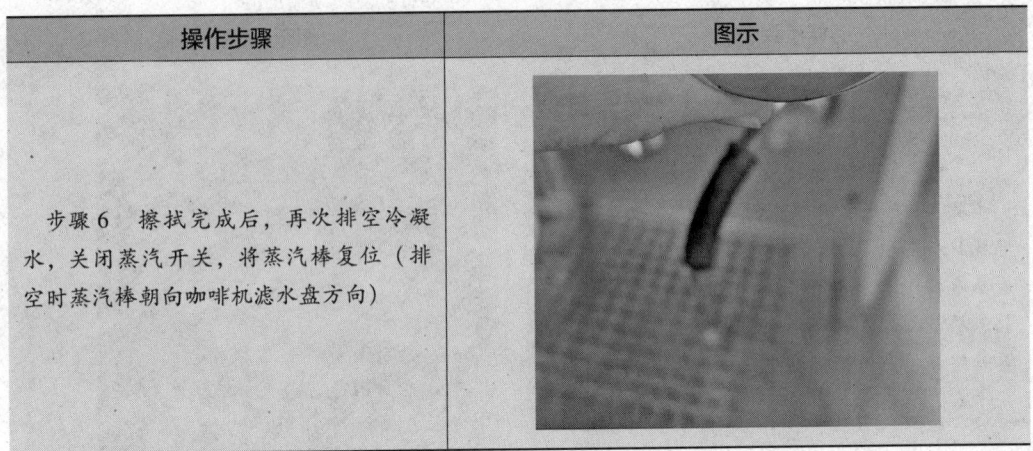

三、注意事项

1. 用蒸汽棒制作奶沫分为两个阶段:第一阶段是打发,打发就是将空气打入牛奶中,使牛奶的体积增大,产生发泡的作用;第二阶段是打绵,打绵就是将打发后的牛奶利用旋转的方式卷入空气,使较大的泡沫破裂,分解成细小的泡沫,并让牛奶分子之间产生黏结作用,使奶沫变得更加绵密。

2. 建议牛奶打发温度为55~65 ℃,最高不超过70 ℃。可以利用温度计测量打发温度,并学习用手触摸奶缸感知温度,通过连续多次的练习形成温度感知记忆。如设备本身带有温度感应装置,只需将设备打发温度设置好即可。

3. 在打发牛奶前必须排空蒸汽棒中的冷凝水,以防止其进入牛奶中。在打发完成后,用专用清洁毛巾擦拭蒸汽棒,必须清洁干净,防止有奶沫附着在蒸汽棒上。擦拭完成后再次排放蒸汽,避免有牛奶残留。

学习单元4 经典压力式(意式)咖啡制作

一、美式咖啡

美式咖啡一般由意式浓缩咖啡加入热水制作而成。尽管口味与冲煮咖啡近似,但美式咖啡以意式浓缩咖啡为基底,所以两者存在明显差别。

冰美式咖啡由意式浓缩咖啡、纯净水、冰块制作而成。冰美式咖啡的配比会因为咖啡店杯型的大小、地域文化以及习惯的差异而有所不同，并可进行适当的调整。若喜欢更浓郁的咖啡，可以通过增加咖啡液或者意式浓缩咖啡浓度的方式，增加冰美式咖啡的口味，避免出现咖啡味过于单薄的情况。

二、拿铁咖啡

拿铁咖啡是经典意式咖啡中的一种。传统的意大利拿铁咖啡是由1/3的意式浓缩咖啡加2/3的牛奶制成，奶沫厚度为0.5~1 cm，较卡布奇诺咖啡的奶沫薄，鲜奶味道更浓郁。

冰拿铁咖啡由意式浓缩咖啡、牛奶和冰块制作而成。通常选择冷藏后的全脂牛奶，考虑到顾客的特殊情况，也可以选择脱脂牛奶或者无乳糖的牛奶。

三、卡布奇诺咖啡

传统的卡布奇诺咖啡通常由单份意式浓缩咖啡，配以等量的牛奶和奶沫（比例为1∶1∶1）制成。后来其基本配方改变了很多，常见的口味有香草、巧克力、焦糖、薄荷、覆盆子等，有时还会在奶沫表面添加肉桂粉、可可粉、焦糖酱或巧克力酱作为辅料。

冰卡布奇诺咖啡是由意式浓缩咖啡、牛奶、冰块和冰奶沫制作而成。与冰拿铁咖啡类似，牛奶通常选择冷藏后的全脂牛奶。与冰拿铁咖啡不同的是，冰卡布奇诺咖啡表面通常有一层较厚的冰奶沫。

操作技能

技能1　制作美式咖啡

一、操作准备

1. 设备准备

半自动意式咖啡机、磨豆机。

2. 器具准备

压粉器、电子秤、粉碗专用清洁毛巾、蒸汽棒专用清洁毛巾、吧台专用清洁毛巾、咖啡杯等。

3. 物料准备

咖啡豆。

二、操作步骤

制作美式咖啡的操作步骤见表 2-7。

表 2-7　　　　　　　　制作美式咖啡的操作步骤

操作步骤	图示
步骤1　检查设备是否正常运作	
步骤2　检查磨豆机内的咖啡豆是否足量且新鲜	
步骤3　按照标准制作意式浓缩咖啡	

续表

操作步骤	图示
步骤4 在意式浓缩咖啡中加入热水，热水加到八分满即可	
步骤5 将制作完成的美式咖啡放在指定区域以待出品	

三、注意事项

1. 制作美式咖啡时，注入杯中的热水温度须高于70 ℃，避免因温度过低而影响美式咖啡的风味。

2. 刚刚制作完成的美式咖啡温度较高，须提醒顾客"小心烫口"。

3. 可根据盛放美式咖啡杯子的容量选择意式浓缩咖啡的配比，避免制作的美式咖啡过浓或过淡。

技能2 制作冰美式咖啡

一、操作准备

1. 设备准备

半自动意式咖啡机、磨豆机。

2. 器具准备

压粉器、电子秤、粉碗专用清洁毛巾、蒸汽棒专用清洁毛巾、吧台专用清洁毛巾、玻璃杯等。

3. 物料准备

咖啡豆、冰块。

二、操作步骤

制作冰美式咖啡的操作步骤见表2-8。

表2-8　　　　　　　　制作冰美式咖啡的操作步骤

操作步骤	图示
步骤1　检查设备是否正常运作	
步骤2　检查磨豆机内的咖啡豆是否足量且新鲜	
步骤3　按照标准制作意式浓缩咖啡	

续表

操作步骤	图示
步骤4 萃取咖啡的同时，在玻璃杯中加入冰块	
步骤5 在装有冰块的杯中加入纯净水至七分满	
步骤6 将制作好的意式浓缩咖啡倒入玻璃杯中	
步骤7 将制作完成的冰美式咖啡放在指定区域以待出品	

三、注意事项

1. 由于冰美式咖啡温度较低，导致固体糖无法快速溶解，如顾客需要加糖，可加入液体糖浆，并搅拌均匀。

2. 可根据盛放冰美式咖啡杯子的容量选择意式浓缩咖啡的配比，避免制作的冰美式咖啡过浓或过淡。

技能 3　制作拿铁咖啡

一、操作准备

1. 设备准备

半自动意式咖啡机、磨豆机。

2. 器具准备

奶缸、压粉器、电子秤、粉碗专用清洁毛巾、蒸汽棒专用清洁毛巾、吧台专用清洁毛巾、咖啡杯等。

3. 物料准备

牛奶、咖啡豆。

二、操作步骤

制作拿铁咖啡的操作步骤见表 2-9。

表 2-9　制作拿铁咖啡的操作步骤

操作步骤	图示
步骤1　检查设备是否正常运作	
步骤2　检查磨豆机内的咖啡豆是否足量且新鲜	

续表

操作步骤	图示
步骤3 按照标准制作意式浓缩咖啡	
步骤4 按照标准奶沫制作流程打发奶沫	
步骤5 将意式浓缩咖啡与牛奶奶沫融合	
步骤6 将制作完成的拿铁咖啡放在指定区域以待出品	

技能4　制作冰拿铁咖啡

一、操作准备

1. 设备准备

半自动意式咖啡机、磨豆机。

2. 器具准备

奶缸、压粉器、电子秤、粉碗专用清洁毛巾、蒸汽棒专用清洁毛巾、吧台专用清洁毛巾、玻璃杯等。

3. 物料准备

牛奶（须冷藏）、咖啡豆、冰块。

二、操作步骤

制作冰拿铁咖啡的操作步骤见表2-10。

表2-10　　　　　　制作冰拿铁咖啡的操作步骤

操作步骤	图示
步骤1　检查设备是否正常运作	
步骤2　检查磨豆机内的咖啡豆是否足量且新鲜	

续表

操作步骤	图示
步骤3 按照标准制作意式浓缩咖啡	
步骤4 萃取咖啡的同时,在玻璃杯中加入冰块	
步骤5 在装有冰块的杯中加入冷藏牛奶至八分满	
步骤6 将意式浓缩咖啡倒入玻璃杯中	

续表

操作步骤	图示
步骤7 将制作完成的冰拿铁咖啡放在指定区域以待出品	

技能5 制作卡布奇诺咖啡

一、操作准备

1. 设备准备

半自动意式咖啡机、磨豆机。

2. 器具准备

奶缸、压粉器、电子秤、粉碗专用清洁毛巾、蒸汽棒专用清洁毛巾、吧台专用清洁毛巾、咖啡杯等。

3. 物料准备

牛奶、咖啡豆。

二、操作步骤

制作卡布奇诺咖啡的操作步骤见表2-11。

表2-11　　　　　制作卡布奇诺咖啡的操作步骤

操作步骤	图示
步骤1 检查设备是否正常运作	

续表

操作步骤	图示
步骤2 检查磨豆机内的咖啡豆是否足量且新鲜	
步骤3 按照标准制作意式浓缩咖啡	
步骤4 按照标准奶沫制作流程打发奶沫	

续表

操作步骤	图示
步骤5 摇晃奶缸，让牛奶和奶沫融合在一起，然后倒入意式浓缩咖啡中	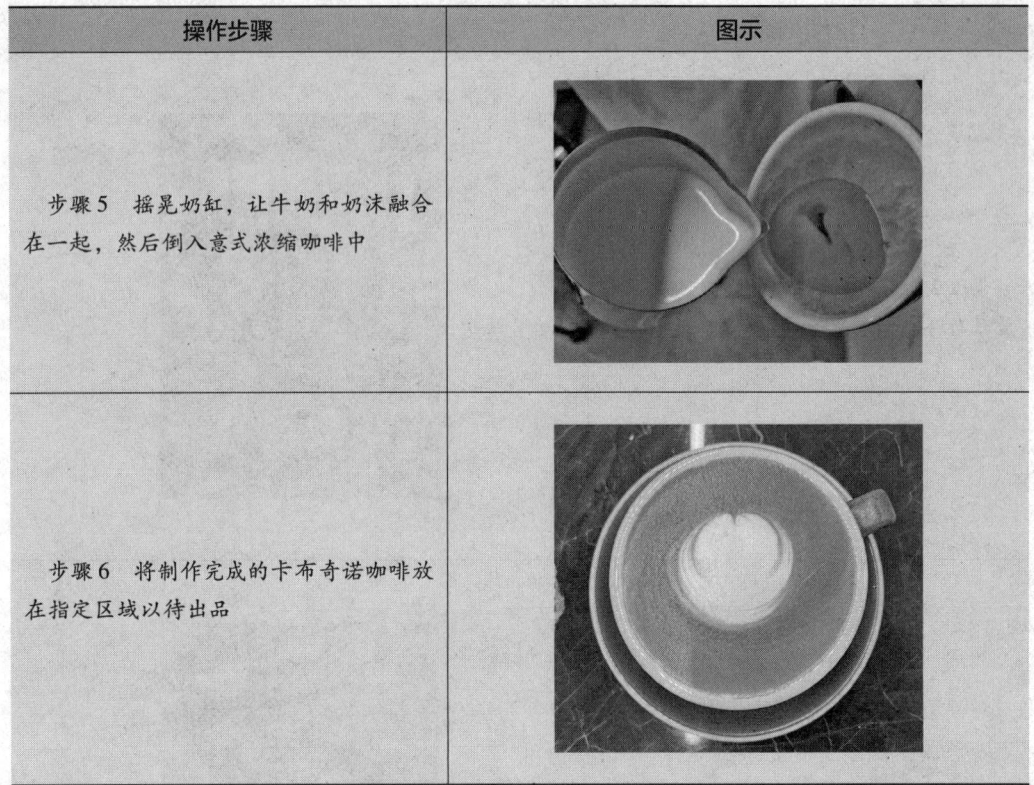
步骤6 将制作完成的卡布奇诺咖啡放在指定区域以待出品	

三、注意事项

1. 注入牛奶奶沫时可将咖啡杯倾斜，让奶缸贴近杯子边缘，使牛奶奶沫缓慢注入，边注入边将杯子回正，避免洒落，最后加大流速冲入牛奶奶沫，在液体表面形成图案。

2. 奶沫处于咖啡表面的正中心，液面四周有一圈油脂形成的黄金圈。

3. 咖啡应大于九分满，液面与杯口距离小于 5 mm。卡布奇诺咖啡的奶沫厚度应为 1~1.5 cm。

技能6 制作冰卡布奇诺咖啡

一、操作准备

1. 设备准备

半自动意式咖啡机、磨豆机。

2. 器具准备

奶缸、压粉器、电子秤、手动打奶器、粉碗专用清洁毛巾、蒸汽棒专用清洁毛巾、吧台专用清洁毛巾、玻璃杯、咖啡勺等。

3. 物料准备

牛奶（须冷藏）、咖啡豆、冰块。

二、操作步骤

制作冰卡布奇诺咖啡的操作步骤见表 2-12。

表 2-12　　　　　　　　制作冰卡布奇诺咖啡的操作步骤

操作步骤	图示
步骤1　检查设备是否正常运作	
步骤2　检查磨豆机内的咖啡豆是否足量且新鲜	
步骤3　手动打发冷奶沫	

续表

操作步骤	图示
步骤4 按照标准制作意式浓缩咖啡	
步骤5 萃取咖啡的同时，往玻璃杯中加入冰块	
步骤6 杯中加入冷藏的牛奶至六分满（如果喜欢较甜的咖啡，可以同时加入15 g的糖浆进行调味）	

续表

操作步骤	图示
步骤7 杯中加入萃取好的意式浓缩咖啡	
步骤8 先用大的咖啡勺将表面粗糙的奶沫刮掉，留下细腻的奶沫；再用咖啡勺将奶沫搅拌均匀，呈表面光滑、流动性强的状态；最后在玻璃杯中加入奶沫至满杯	
步骤9 将制作完成的冰卡布奇诺咖啡放在指定区域以待出品	

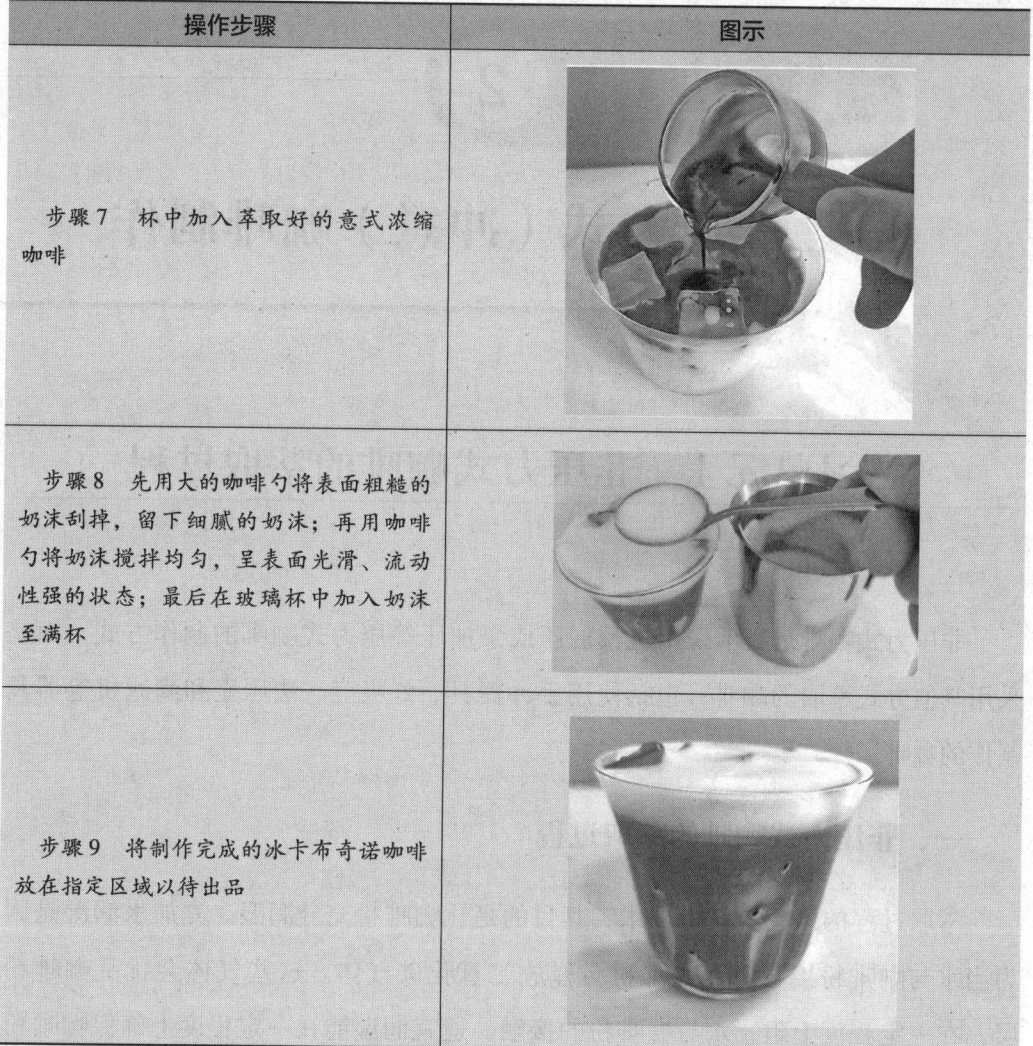

三、注意事项

1. 手动打发冷奶沫时，先在手动打奶器中加入冷藏的牛奶，倒入的量必须大于容器的1/3，且小于1/2。如果小于1/3，则不容易发泡；如果大于1/2，则容易溢出容器外。

2. 加入冷藏牛奶后，容器外侧会产生一圈雾气，可以通过观察雾气的高度，判断倒入牛奶的量。

3. 在打发过程中，为了确保打发均匀，尽量避免手臂大幅度晃动。当奶沫有溢出时，即完成打发。

培训课程 2

非压力式（冲煮）咖啡制作

学习单元 1　非压力式咖啡的萃取过程

非压力式咖啡是指不采用机械加压或泵加压等压力式咖啡的制作方式，而是采用其他方式萃取的咖啡，包括使用手冲器具、虹吸壶、法压壶和滴滤机等器具制作的咖啡。

一、非压力式咖啡的萃取过程

萃取过程的第一步就是加水，其目的是让咖啡粉充分润湿。先加水润湿是因为当水与咖啡粉接触时，咖啡粉会释放二氧化碳气体。这些气体会扰乱咖啡粉层，在一定程度上阻止水与咖啡粉的接触。适宜润湿能在一定程度上确保咖啡粉更均匀地与水接触，从而降低萃取过程中二氧化碳气体对萃取造成的影响。

随着咖啡粉与水接触，咖啡的各种香气和风味会在这个阶段的不同时间点被萃取出来。果味和酸味往往最先被萃取出来，然后是甜味，最后是苦味。不同咖啡的最佳萃取时间也不同，深烘焙的咖啡萃取时间较短，而浅烘焙的咖啡萃取时间则需要更长。

二、非压力式咖啡萃取的影响因素

1. 研磨度

研磨度越小，粉水接触面积越大，萃取率越高；研磨度越大，粉水接触面积越小，萃取率越低。

2. 粉水比

粉水比即咖啡粉量与冲煮注水总量的比值，其直接决定了咖啡液的浓度。

粉水比的建议参数为 1:20～1:15。粉水比小于 1:20 时，咖啡味道相对淡和轻薄；大于 1:15 时，咖啡味道相对浓郁。

3. 水温

冲煮水温对咖啡口感的影响（见图 2-17）。

（1）冲煮水温越高，萃取率越高，咖啡相对越苦。

（2）冲煮水温越低，萃取率越低，咖啡相对越酸。

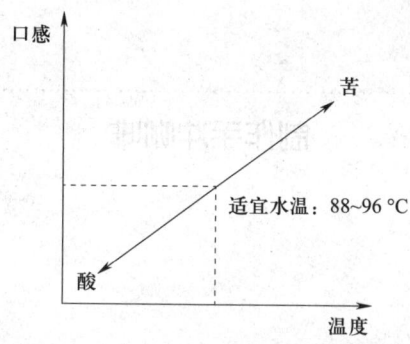

图 2-17　冲煮水温对咖啡口感的影响

学习单元 2　手冲咖啡制作

"手冲"可用来形容很多种不同的冲煮方法，最常见的是过滤式煮法，即让热水通过一层咖啡粉，在这一过程中将咖啡粉的风味萃取出来。手冲咖啡配套工具包括滤杯（见图 2-18）、手冲壶（见图 2-19）等，常用的咖啡粉过滤材料包括滤纸、滤布和很细的金属滤网等。

图 2-18　滤杯

图 2-19 手冲壶

操作技能

制作手冲咖啡

一、操作准备

1. 设备准备

磨豆机。

2. 器具准备

手冲壶、滤杯、分享壶、滤纸、电子秤、清洁毛刷、废水碗、咖啡杯等。

3. 物料准备

咖啡豆、水。

二、操作步骤

制作手冲咖啡的操作步骤见表 2-13。

表 2-13　　　　　　制作手冲咖啡的操作步骤

操作步骤	图示
步骤1　咖啡豆提前称重，准备冲煮时再研磨	

续表

操作步骤	图示
步骤2　把滤纸放入滤杯中，先倒入少许热水将滤纸淋湿，以减少滤纸味道融入咖啡中，同时也可以提升滤杯的温度	
步骤3　将准备好的咖啡豆倒入磨豆机中进行研磨	
步骤4　将滤杯放在分享壶上方，将咖啡粉倒入放有滤纸的滤杯中	
步骤5　将热水倒入手冲壶内，搭配电子秤进行冲煮。先注入大约咖啡粉两倍的热水湿润咖啡粉，待分享壶内有小水滴流出，表示预浸成功（一般预浸10~30 s，具体时间视烘焙度而定）	

续表

操作步骤	图示
步骤6　继续缓缓注入热水，以从内向外、再由外到内的方式小水流注入	
步骤7　待咖啡液面高度低于滤杯边缘2~3 cm，停止注水，让滤杯中的水滴漏完即可	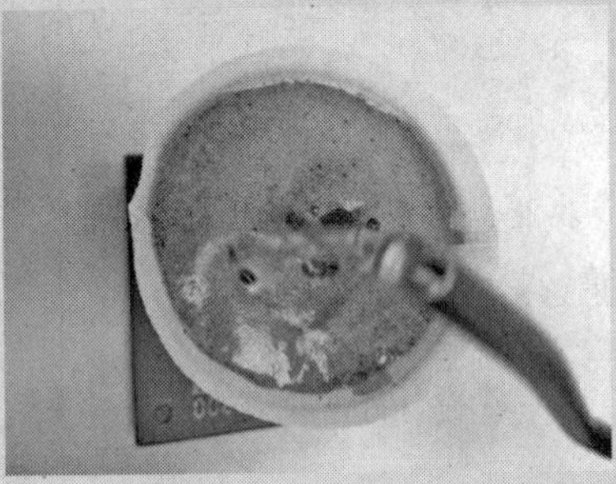
步骤8　移开滤杯，将滤纸及咖啡渣丢弃	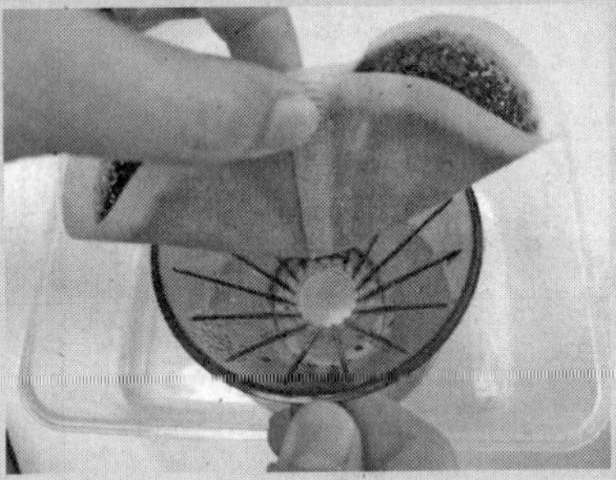
步骤9　手冲咖啡制作完成后放在指定区域以待出品	

三、注意事项

1. 制作手冲咖啡时，手腕与手臂必须伸直。手腕不要左右、上下摆动，应和手臂配合动作。

2. 注水的同时要观察电子秤显示的重量变化。将水注入咖啡粉的中间，不要注入滤杯边缘，以免热水没有通过咖啡粉层就直接流往分享壶。

3. 注意萃取时间和分享壶的水位。

学习单元 3　虹吸壶咖啡制作

虹吸壶最早出现在 19 世纪 30 年代，在 1838 年被法国的 Jeanne Richard 女士取得专利。

虹吸壶由上壶和下壶两个玻璃容器组成，如图 2-20 所示。用独立热源加热下壶至水沸腾，此时下壶内压力升高，将热水推至上壶内与咖啡粉充分混合、萃取。萃取完成后，移除热源，底部降温，上壶中的溶液在大气压力作用下通过过滤器及玻璃管流回下壶内。

图 2-20　虹吸壶

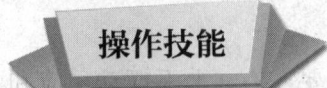

制作虹吸壶咖啡

一、操作准备

1. 器具准备

虹吸壶、过滤器（金属或陶瓷）、滤布或滤纸、搅拌棒、瓦斯炉或酒精灯、电子秤、清洁毛巾、咖啡杯等。

2. 物料准备

咖啡粉、水。

二、操作步骤

制作虹吸壶咖啡的操作步骤见表 2-14。

表 2-14　　　　　　　　制作虹吸壶咖啡的操作步骤

操作步骤	图示
步骤1　将包有滤布的过滤器装入上壶并铺平，从玻璃管口拉出过滤器垂下的弹簧珠扣环，扣紧管口	
步骤2　将上壶暂插在立座上，下壶倒入适量热水或冷水	

续表

操作步骤	图示
步骤3　用清洁毛巾擦拭上壶和下壶	 
步骤4　将上壶插入下壶	
步骤5　打开热源，下壶的水升到上壶，同时伴随有较大的气泡。当气泡变得细小时，即可加入咖啡粉	 
步骤6　用搅拌棒搅拌均匀，计时40～60 s	

续表

操作步骤	图示
步骤7 关闭热源，咖啡液被吸回下壶，继续搅拌	
步骤8 用湿毛巾擦拭下壶底部	
步骤9 等待咖啡液完全被吸回下壶	

续表

操作步骤	图示
步骤10 一只手握紧下壶把手,另一只手轻轻摇动上壶,以便分离上壶和下壶	
步骤11 将取下的上壶放在立座上	
步骤12 将下壶中的咖啡倒入咖啡杯中,放在指定的区域以待出品	

学习单元4　法压壶咖啡制作

法压壶是约1850年发源于法国的一种由耐热玻璃（或透明塑料）瓶身和带压杆的金属滤网组成的简单冲煮器具，如图2-21所示。起初多被用于制作红茶，后来才逐渐被使用于冲煮咖啡，因此也被人称为冲茶器。

图2-21　法压壶

利用法压壶制作咖啡，通过水与咖啡粉全面接触、浸泡和焖煮释放咖啡的精华。

操作技能

制作法压壶咖啡

一、操作准备

1. 器具准备

法压壶、温度计、电子秤、手冲壶、咖啡杯等。

2. 物料准备

咖啡粉、水。

二、操作步骤

制作法压壶咖啡的操作步骤见表2-15。

表2-15　　　　　制作法压壶咖啡的操作步骤

操作步骤	图示
步骤1　用热水预热法压壶	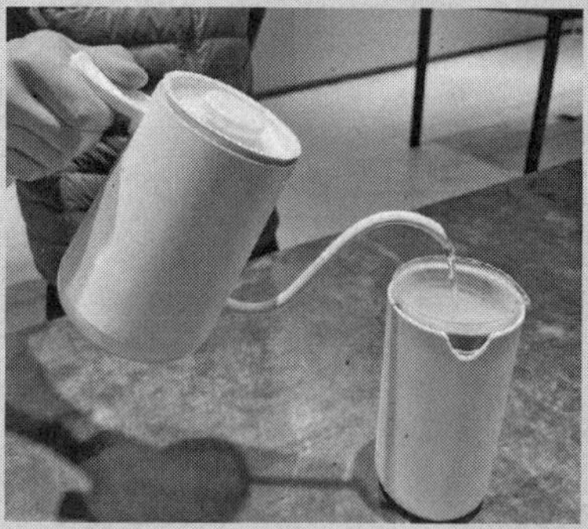
步骤2　将咖啡粉放入法压壶，并注入温度适宜的冲煮用水，然后静置3~4 min	 

续表

操作步骤	图示
步骤3　放入法压壶的金属过滤器，用手轻压过滤器活塞，将咖啡渣挤压在金属滤网以下，将咖啡倒入咖啡杯中，放在指定区域以待出品	 

学习单元5　爱乐压咖啡制作

爱乐压在 2005 年由 Alan Adler 发明，一上市就以易用、高效、出品的咖啡美味等优点引起强烈反响。爱乐压套装如图 2-22 所示。

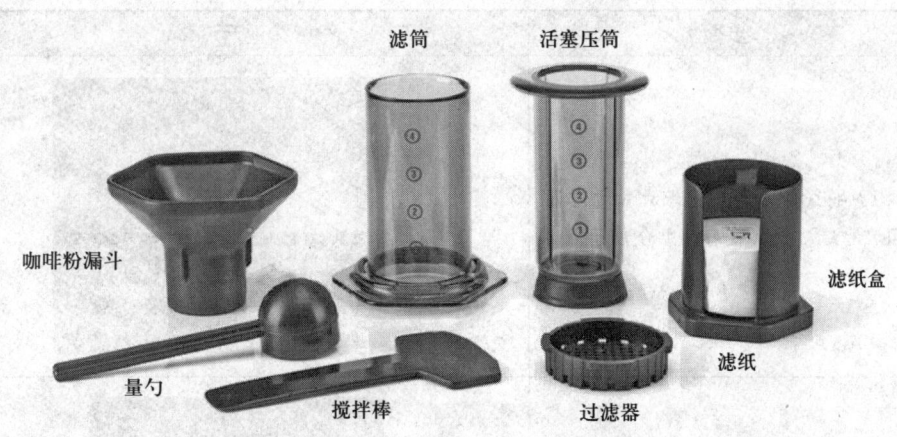

图 2-22 爱乐压套装

爱乐压的结构类似于一个注射器。使用时,在滤筒内放入研磨好的咖啡粉和热水,压下活塞压筒,咖啡就会透过滤纸流入容器内。使用爱乐压制作的咖啡,兼具意式咖啡的浓郁及冲煮咖啡的纯净。咖啡师通过改变研磨颗粒的大小和按压速度,可以制作不同风味的咖啡。

制作爱乐压咖啡

一、操作准备

1. 器具准备

爱乐压套装、手冲壶、电子秤、搅拌棒、咖啡杯等。

2. 物料准备

咖啡粉、水。

二、操作步骤

制作爱乐压咖啡的操作步骤见表 2—16。

表2-16　　　　　　　　　制作爱乐压咖啡的操作步骤

操作步骤	图示
步骤1　将爱乐压专用滤纸放入过滤器中，润湿滤纸，使其更好地贴合盖子	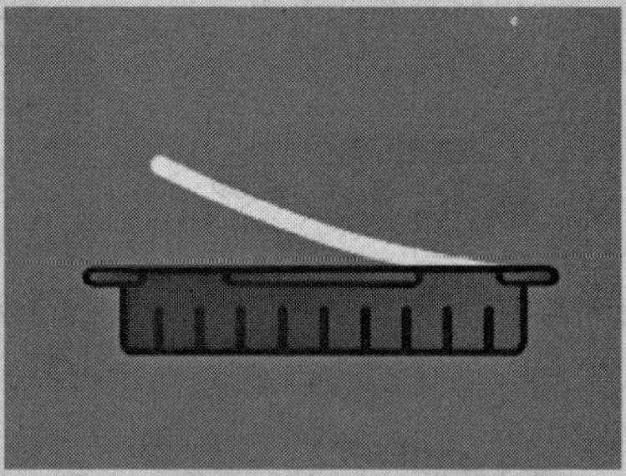
步骤2　将过滤器放置到滤筒上，然后将其竖立在坚固的咖啡杯上	
步骤3　将咖啡粉倒入滤筒，轻拍平整，缓慢倒入热水	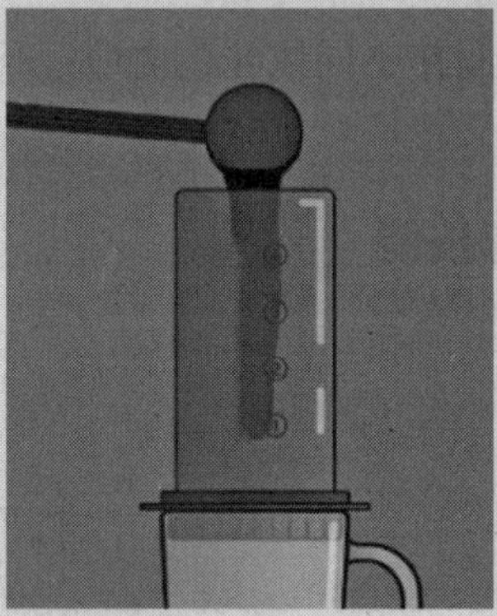 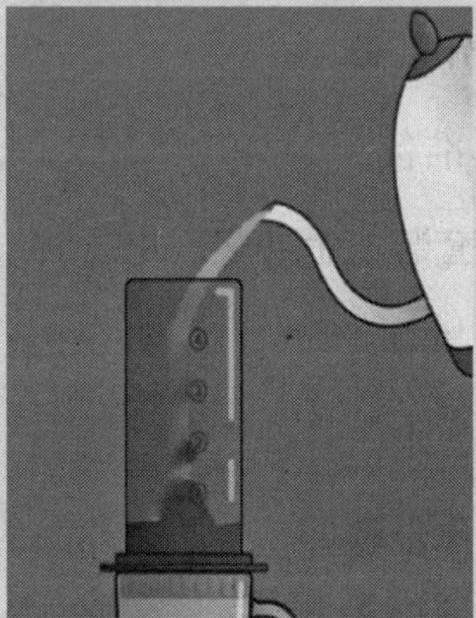

续表

操作步骤	图示
步骤4 使用搅拌棒轻柔搅拌	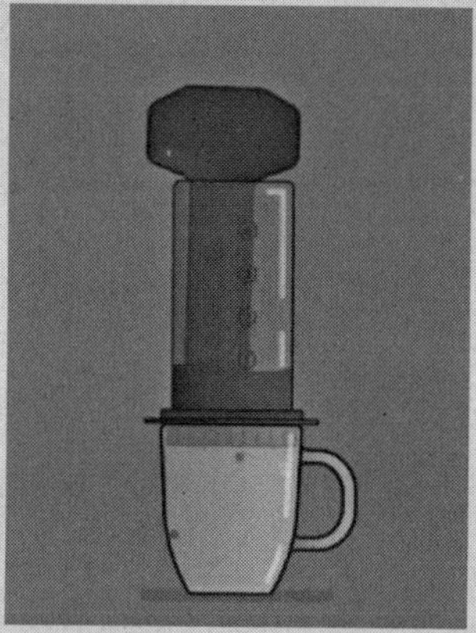
步骤5 湿润橡胶密封塞，将活塞压筒插入滤筒，轻缓下压，直到咖啡液被全部推出	
步骤6 注水稀释咖啡液，可根据口味确定注水量	

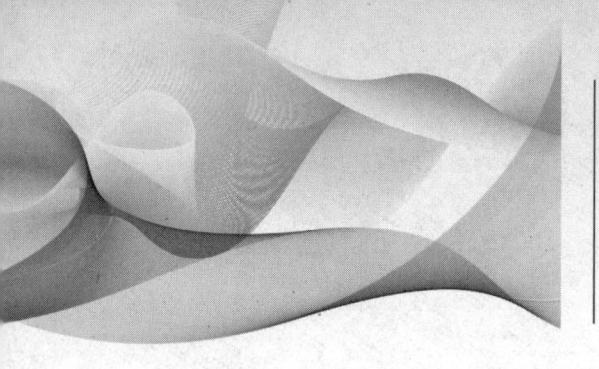

职业模块 3
吧台设备、器具的清洁与维护

培训课程 1

设备清洁与维护

学习单元 1　咖啡设备日常清洁

一、咖啡机清洁

1. 机身

每日用干净的湿毛巾擦拭咖啡机机身，确保咖啡机表面无水渍和咖啡渣残留。如需要使用清洁剂，须选用温和、不具腐蚀性的清洁剂喷于湿毛巾上擦拭机身，不可直接喷于机身上。

2. 冲煮头

取下咖啡机手柄的粉碗，更换成盲碗，并装入适量清洁粉；将咖啡机手柄扣上冲煮头，检查是否完全密合；按下清洁键，重复清洗数次；放松手柄，按清洁键并左右摇晃手柄，以冲洗冲煮头垫圈及冲煮头内侧，直至盲碗内的水变成干净无色为止。清洁完成后，再次扣回手柄，将残留的清洁粉清洗干净。

若有多个冲煮头，可重复上述步骤进行清洁。注意营业过程中不使用清洁粉冲洗冲煮头。

3. 蒸汽棒

在奶缸中加入蒸汽棒专用清洁液，像打发奶沫一样将清洁液加热以软化喷气孔内及蒸汽棒上的结晶；在奶缸中加入清水，重复清洗，然后用专用清洁毛巾擦拭残留奶渍。

4. 粉碗及手把

每日至少一次，用加有清洁粉的热水浸泡清洗粉碗及手把，溶解出残留的咖啡油脂及沉淀物，以免蒸煮过程中部分油脂和沉淀物流入咖啡中，影响咖啡品质。用清水冲洗粉碗及手把，并用清洁毛巾擦拭干净。注意粉碗外侧沟槽、手把内部沟槽需要重点清洁。

5. 滤水盘

开店或使用前将滤水盘取下用清水和清洁毛巾擦洗，晾干后装回。

6. 排水槽

取下滤水盘后，用湿毛巾将排水槽内的沉淀物清除干净，再用热水冲洗，使排水管保持畅通。如果排水不良，可将一小匙清洁粉倒入排水槽内并用热水冲洗，以溶解排水管内的咖啡油脂。

二、磨豆机清洁

1. 磨豆机清洁的必要性

（1）外观清洁的必要性

磨豆机作为咖啡吧台重要设备之一，须确保其外观的清洁卫生，营造良好的卫生环境。

（2）豆仓清洁的必要性

日常运营中务必保持豆仓清洁。豆仓若长期不清洁，会积累大量咖啡油垢，影响咖啡风味。

（3）磨盘清洁的必要性

磨盘长期使用会有咖啡油脂沉积，影响咖啡风味，需要定期清洁，避免咖啡沾染陈腐、哈喇味。

2. 磨豆机清洁周期

（1）外观清洁、豆仓清洁项目建议每天进行一次。

（2）磨盘清洁项目建议每周进行一次（可根据日常咖啡研磨量适当调整磨盘清洁周期）。

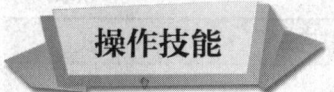

技能1 清洁咖啡机

一、操作准备

盲碗、长柄弯头刷、专用清洁毛巾、清洁粉等。

二、操作步骤

清洁咖啡机的操作步骤见表3-1。

表3-1　　　　　　　　　　清洁咖啡机的操作步骤

操作步骤	图示
步骤1　每日营业、结束营业前用湿毛巾擦拭机身	
步骤2　结束营业时，将手柄取下并按清洗键，将残留在冲煮头内及滤网上的咖啡渣排出，使用毛刷清洁冲煮头内侧的咖啡渣	

续表

操作步骤	图示
步骤3 将手柄内的粉碗取下，扣上盲碗，加入清洁粉，扣回冲煮头进行冲洗，冲洗10 s、停止5 s，反复三次，直至盲碗内的水变成干净无色为止；再次扣上冲煮头，冲洗5 s、停止5 s，反复三次，将残留的清洁粉清洗干净	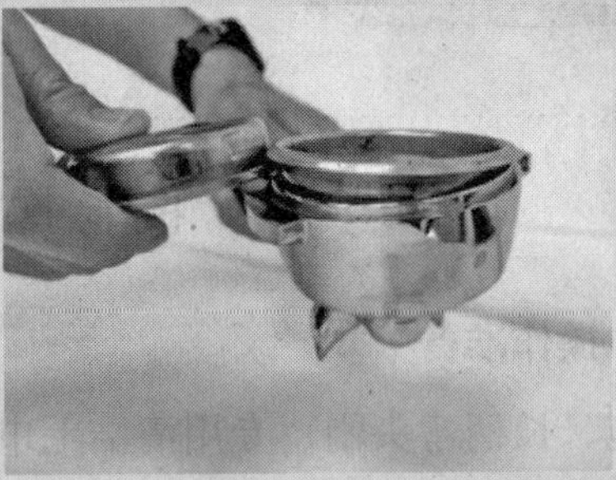 
步骤4 清洗完冲煮头，将盲碗取下，把手把与粉碗放入溶有清洁粉的清洁液中浸泡	
步骤5 使用蒸汽棒打发奶沫后须用干净的湿毛巾擦拭蒸汽棒	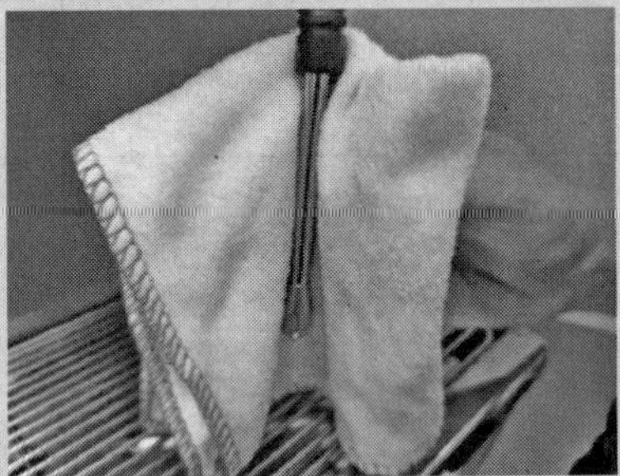
步骤6 打开蒸汽开关，用蒸汽的高温和冲力清洁喷气孔内残留的牛奶污垢，以保持喷气孔的畅通	

续表

操作步骤	图示
步骤7 将滤水盘取下,用清水擦洗并晾干。用湿毛巾将排水槽内的沉淀物清除干净,再用热水冲洗,使排水管保持畅通	
步骤8 如果排水不良可将一小匙清洁粉倒入排水槽内,用热水冲洗,以溶解排水管内的咖啡油脂	

三、注意事项

1. 如果需要使用清洁剂,应选用温和、不具腐蚀性的清洁剂。

2. 浸泡手把和粉碗时,手把橡胶部分不可浸泡至清洁液中,以免手把橡胶表面遭到清洁液腐蚀。

技能2 清洁磨豆机

一、操作准备

旋具、毛刷、湿毛巾(食品接触用)、干毛巾(食品接触用)、储豆罐或保鲜盒等。

二、操作步骤

清洁磨豆机的操作步骤见表3-2。

表3-2　　　　　　　　　清洁磨豆机的操作步骤

操作步骤	图示
步骤1　关闭磨豆机电源开关	
步骤2　关闭豆槽挡板	
步骤3　使用旋具将用于固定豆仓的螺钉拧松,取下磨豆机豆仓	 

续表

操作步骤	图示
步骤4 将豆仓中剩余咖啡豆取出,放入储豆罐或保鲜盒中,置于阴凉干燥处密封储存	 
步骤5 使用专用湿毛巾(或厨房用纸)擦拭豆仓中的咖啡渍;使用专用干毛巾擦拭豆仓中的水渍,务必擦拭干净使其无水渍	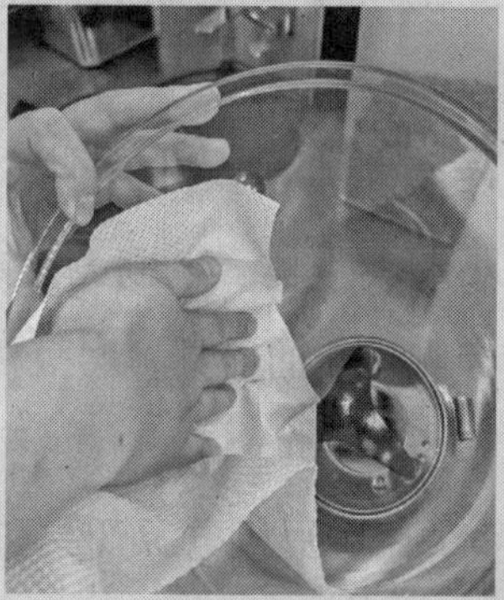
步骤6 使用毛刷将磨豆机出粉口处的残粉及磨豆机残粉盘内的残粉清洁干净	

操作步骤	图示
步骤7 使用专用干毛巾将磨豆机机身擦拭干净	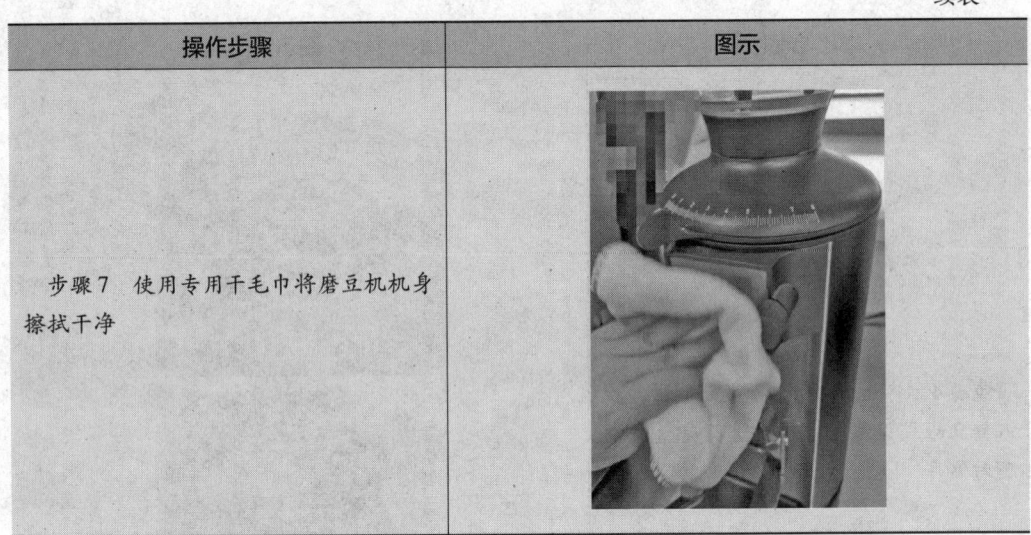

三、注意事项

1. 取下豆仓前务必关闭豆槽挡板，避免咖啡豆撒落。
2. 注意不同型号磨豆机的豆仓固定方式不同，应采取相应的拆取措施。
3. 豆仓务必保持干燥，避免水渍进入磨豆机内部，造成电动机损坏。

技能3 清洁磨豆机磨盘

一、操作准备

旋具、小型吸尘器、毛刷、湿毛巾、干毛巾、储豆罐或保鲜盒、纸杯或其他用于盛装废弃咖啡粉的器具、磨豆机专用清洁药片（每次用量约40 g）。

二、操作步骤

步骤1 关闭磨豆机电源开关和豆槽挡板。

步骤2 使用旋具将用于固定豆仓的螺钉拧松，取下磨豆机豆仓。将豆仓中剩余咖啡豆取出后放于储豆罐或保鲜盒中，并放置在阴凉干燥处密闭储存。

步骤3 将豆仓重新放置于磨豆机上，安装固定。

步骤4 打开磨豆机电源开关，研磨掉所有剩余的咖啡豆，保证豆仓底部和研磨刀片上无任何咖啡豆残留。

步骤5 取磨豆机专用清洁药片40 g倒入豆仓中，打开豆槽挡板。

步骤6 打开磨豆机电源开关开始研磨（可使用残粉盘盛接研磨的药片颗粒，避免撒落）。

步骤 7　再次取下豆仓，使用小型吸尘器将磨盘上方残余的清洁药片颗粒吸除干净。

步骤 8　拆卸磨盘，用毛刷将磨盘上附着的咖啡残粉清扫干净。

步骤 9　将磨盘复位，再次安装固定豆仓。

步骤 10　倒入约 50 g 咖啡豆，研磨并丢弃，防止清洁药片颗粒残留。

学习单元 2　咖啡机维护保养

一、咖啡机日常维护保养

1. 为延长咖啡机锅炉的使用寿命，如果长时间不使用咖啡机，须将电源关闭并打开蒸汽开关，将锅炉内压力完全释放，直至锅炉压力表指示为零，蒸汽不再喷出。

注意：此时不要关闭蒸汽开关，等隔天开机后蒸汽棒有热水滴出时再关闭以平衡锅炉内外压力。

2. 每次咖啡制作完成后，及时卸下手柄，倒掉咖啡渣，并将残留在冲煮头内及粉碗上的咖啡渣冲洗干净，用干毛巾擦干粉碗，及时将手柄扣回冲煮头保温。

3. 每次使用完蒸汽棒，需要用专用清洁毛巾擦干残留的奶液，打开蒸汽开关，利用蒸汽带走喷气孔中残留的奶渍、污垢，以维持蒸汽棒的干净卫生。

4. 每日用干净的毛巾清洁咖啡机机身，毛巾不可太湿，以防多余的水渗入电路，造成系统短路。

5. 咖啡机上方不可以放置液体，杯子需要擦干水渍后才可放置于温杯区。

二、咖啡机定期维护保养

1. 定期拆卸冲煮头和滤网，浸泡于热水与清洁粉的混合液中，清洗干净咖啡油脂、堵塞物，并用干净柔软的湿毛巾擦洗。检查冲煮头和滤网是否畅通，如仍有阻塞，用细铁丝或针小心清通。维护保养完毕后装回所有配件。

2. 定期清空水箱并用清水冲洗干净，避免水垢和细菌滋生。如果水箱中有沉淀物，可以使用专用清洁剂进行清洗。

3. 定期检查第一道、第二道滤水器滤芯，建议每月更换一次。

4. 定期检查第三道软水器，取出并放入浓度为10%的盐水中浸泡，清洗干净后装回咖啡机。

培训课程 2

器具清洁与消毒

学习单元1　器具清洁

一、咖啡器具

1. 收取

收取所有的咖啡器具，包括压粉器、布粉器、奶缸、电子秤、滤杯、量杯、咖啡杯等，注意不要遗漏。

2. 清洁

（1）用毛刷清洁压粉器和布粉器上残留的咖啡粉。

（2）用温湿毛巾擦拭器具表面残留的咖啡渍。

（3）需要清洗的器具放到洗碗池仔细清洗，至无可见污渍为止。清洗奶缸内残留的奶渍以及量杯内残留的咖啡油脂等。

（4）对于可以用洗碗机清洗的器具，应合理摆放于洗碗机内，避免过度挤压和碰撞。注意木质搅拌棒不可用洗碗机清洗。

3. 归位

（1）将所有清洗干净的器具擦干，摆放至原有位置，方便后续使用。

（2）粉碗、奶缸、量杯等须倒扣于干净的滤水盘上，防止落灰。

（3）搅拌棒及称量勺、豆勺等放置于干净的密封盒中。

二、清洁用品

1. 收取

收取所有已使用过的毛巾,包括超过消毒有效期的毛巾。

2. 清洗消毒

(1)未至消毒有效期的毛巾,用清水冲洗干净至无污渍后即可继续使用。对于擦拭过奶渍或咖啡渍,已出现明显污渍的毛巾须反复仔细清洗。

(2)已至消毒有效期的毛巾,在用清水冲洗干净后,浸泡于配制好的消毒水中。

注意:应检查消毒水的有效期,超过有效期的须及时更换,并填写新的有效期标签。

(3)消毒浸泡过的干净毛巾须再次用清水冲洗并拧干(无滴水)。

注意:切勿过度冲洗,过度冲洗将导致消毒功能减弱。

3. 归位

将清洗拧干后的毛巾折叠整齐,摆放在指定位置。

冰滴器具清洁

一、操作准备

冰滴器具、专用清洁毛巾、清洁剂等。

二、操作步骤

冰滴器具清洁的操作步骤见表3-3。

表3-3　　　　　　　　　冰滴器具清洁的操作步骤

操作步骤	图示
步骤1　收取器具。从工作台面上取出冰滴器具,包括上壶、中壶、下壶及透明架子	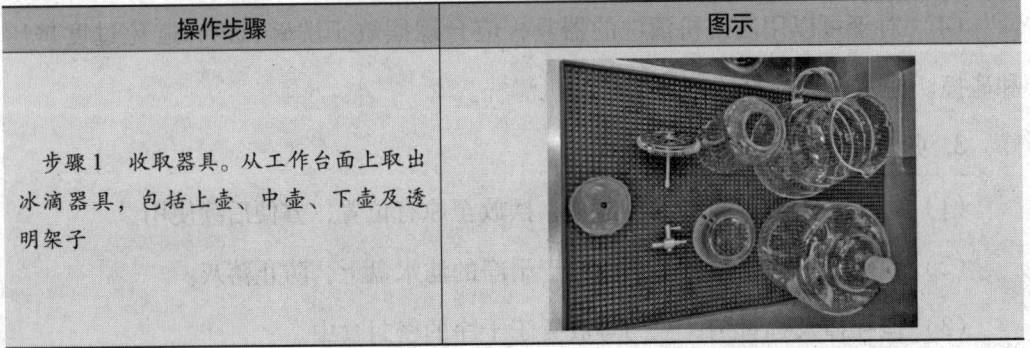

续表

操作步骤	图示
步骤2　清洗 （1）将中壶内的金属过滤器取出，拆分洗净后组装 （2）将上壶、中壶、下壶及透明架子用清水洗净至无可见污渍为止，用清洁毛巾擦干备用 （3）将可以用洗碗机清洗的器具（玻璃器具及金属过滤器）合理摆放于洗碗机内，过机清洗	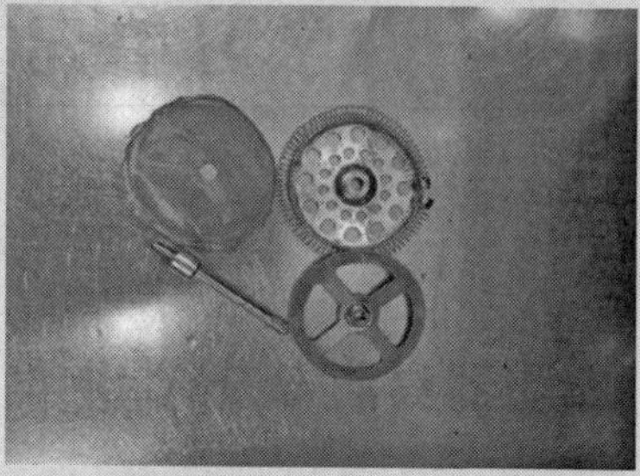 
步骤3　擦拭冰滴器具摆放台面。用干净的毛巾及清洁剂擦拭摆放冰滴器具的台面，至干净无可见污渍为止	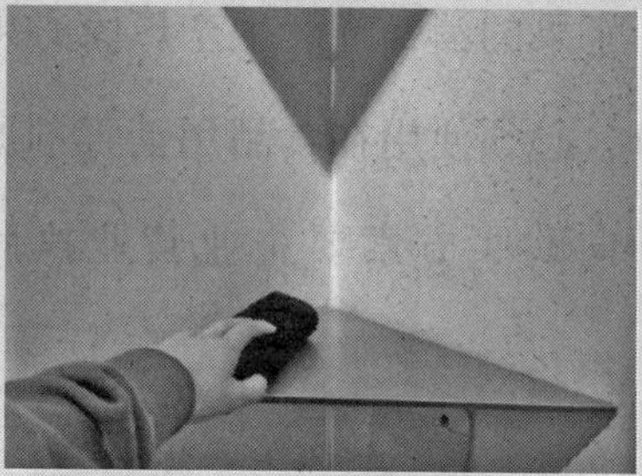
步骤4　复位。把洗净擦干的透明架子摆放于台面上，再将洗净的上壶、中壶、下壶归位	

三、注意事项

1. 取下器具时注意轻拿轻放，避免磕碰。

2. 清洗过程中避免零件丢失。

3. 复位后注意检查各零部件是否齐全，避免遗失。

学习单元2　器具消毒

一、常用器具消毒方式

常用的器具消毒方式有食品接触用消毒剂消毒、高温消毒和紫外线灯消毒等。在咖啡制作中，通常使用食品接触用消毒剂对器具进行浸泡消毒。

二、食品接触用消毒剂

食品接触用消毒剂是指适用于清洗食品容器，食品生产经营工具、设备，以及蔬菜、水果的消毒剂。生产厂家必须获得消毒产品生产企业卫生许可证和卫生安全评价，必须使用在食品用消毒剂原料名单内的原料。使用单位购买此类产品时，必须向购买方索要企业营业执照、卫生许可证和第三方质检报告，留档备查。

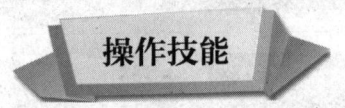

操作技能

器具消毒

一、操作准备

化学品专用量杯、一次性吸管、专用清洁毛巾、消毒粉、奶缸、雪克杯、奶泡勺、咖啡勺、称量勺等。

二、操作步骤

器具消毒的操作步骤见表3-4。

表3-4 器具消毒的操作步骤

操作步骤	图示
步骤1　取500 mL化学品专用量杯，倒入适量清水和一袋消毒粉	
步骤2　使用一次性吸管搅拌至消毒粉完全溶解	
步骤3　将量杯内配制好的溶液倒入消毒池中，加入25 L的清水	

续表

操作步骤	图示
步骤4 器具至少浸泡5 min，如需要长时间使用消毒液浸泡器具时，消毒液最长2 h更换一次	
步骤5 使用专用清洁毛巾擦干器具，将器具倒置摆放，完成清洁	

三、注意事项

1. 配制消毒液时，消毒粉用量与水量按比例增加，须整包配制，不可剩余半包消毒粉。

2. 所有器具消毒前后均应清洗干净。